世图心理

博客：http://blog.sina.com.cn/bjwpcpsy
微博：http://weibo.com/wpcpsy

闻道于心

贤者之德范威仪

黄国峰 ♣ 著

世界图书出版公司
北京·广州·上海·西安

图书在版编目（CIP）数据

闻道于心：贤者之德范威仪 / 黄国峰著. -- 北京：世界图书出版有限公司北京分公司, 2025.2. -- ISBN 978-7-5232-1831-0

Ⅰ．B829

中国国家版本馆CIP数据核字第2024CH5538号

书　　名	闻道于心：圣贤之德范威仪
	WEN DAO YU XIN
著　　者	黄国峰
策划编辑	李晓庆
责任编辑	詹燕徽
装帧设计	黑白熊
出版发行	世界图书出版有限公司北京分公司
地　　址	北京市东城区朝内大街137号
邮　　编	100010
电　　话	010-64038355（发行）　64033507（总编室）
网　　址	http://www.wpcbj.com.cn
邮　　箱	wpcbjst@vip.163.com
销　　售	新华书店
印　　刷	北京中科印刷有限公司
开　　本	880mm × 1230mm　1/32
印　　张	12.25
字　　数	167千字
版　　次	2025年2月第1版
印　　次	2025年2月第1次印刷
国际书号	ISBN 978-7-5232-1831-0
定　　价	86.00元

版权所有　翻印必究

（如发现印装质量问题，请与本公司联系调换）

目录

前言

第一章　诚于中，形于外

第一节　与天地合其德　003

第二节　与日月合其明　005

第三节　与四时合其序　007

第四节　与鬼神合其吉凶　009

第五节　为善不欲人知，行无为无求之善　011

第六节　至善无痕　013

第七节　有道德的人，其善行是自然的流露　015

第八节　善行是内在自性的展现　018

第九节　以有余补不足　021

第十节　了解真实的本质，以无为的心去处事　024

第十一节　"感受之相对性"与"超越感受之相对性"　027

第十二节	舍多余，守中和	032
第十三节	认识自己，不自以为是，以平和的态度对待世界	037
第十四节	以身示道，行不言之教	043
第十五节	圣人无名	047
第十六节	功成而弗居	050
第十七节	过化存神	053
第十八节	保持天真、和谐的状态，没有争夺的欲念	057
第十九节	不标榜自己的尊大，不夸耀自己的功德	059
第二十节	不夸耀自己的才干，不骄不傲	062
第二十一节	在力行仁义的时候，能够时时"诚于中"	065
第二十二节	诚于中，形于外	068
第二十三节	不珍藏难得的财富，断除一切邪思妄念	070
第二十四节	以博爱的精神遍及一切	073
第二十五节	以无分别而博爱的心来看待世界	076
第二十六节	无欲望，也不居功，能虚心接受一切	079
第二十七节	不自生，故能长生	082

第二十八节　知道进退的分寸，凡事适可而止　　085

第二十九节　直取身中之金玉，养性命之真常　　088

第三十节　常养性中之腹饱，不受外物而乱心　　090

第三十一节　守先天的元气，保全天真柔和的本性　　092

第三十二节　自净其意，保持天真、博爱、自然、无为之心　　095

第三十三节　在喜怒哀乐的变化中，保持心境的平和与轻柔　　097

第三十四节　保本性的灵明，不迷失天赋之本性　　100

第三十五节　在处理事务的过程中，对一切外源性干扰保持平常心　　102

第三十六节　在追求目标的过程中，要保持内心的平静和节制　　104

第三十七节　灵性是微细奥妙的，本性是永远通达的　　106

第三十八节　致虚极，守静笃　　108

第三十九节　守住无见、无闻、无为、无欲的境界　　110

第四十节　本性就像一块未经雕琢的木头，纯朴无华　　113

第四十一节　心胸开阔，能够虚心接受一切，涵容万物　　115

第四十二节	圣贤之人的心态和境界	117
第四十三节	安定自守，虚心知足	119
第四十四节	见素抱朴，少私寡欲	121
第四十五节	超越尘世凡俗的束缚，保持心灵的自在和宽广	123
第四十六节	有宽广、自由且不为执着所困的心境	125
第四十七节	万物最终都要回归生命的根源	127
第四十八节	静就是回归自己真我的生命	130
第四十九节	回归真我的生命，才是真正的长生	133

第二章　行不言之教，处无为之事

第五十节	能容受一切，无所不包，心胸开朗，大公无私	137
第五十一节	至公无私，顺天行事	139
第五十二节	追求内在的长久幸福	141
第五十三节	回归道的本体，才能运用万物	144
第五十四节	以平等的心看待自己和他人	148
第五十五节	仁慈的人，没有分别之心	150

第五十六节	有之以为利,无之以为用	153
第五十七节	眼有虚灵而能视,意有虚魂而能思,心有虚窍而能应	155
第五十八节	事物往往具有多面性和相对性	158
第五十九节	行不言之教,处无为之事	160
第六十节	以德教化世人,亲近世人	162
第六十一节	摒除智巧的心机,顺其自然	164
第六十二节	放下对虚荣和外在认可的执念	166
第六十三节	言语和态度是对内心真实状态的反映	168
第六十四节	我们要重视内在修养,将内心视为一片宝地	170
第六十五节	一心以道为重,视万物为一体	172
第六十六节	不要过度追求外在事物	174
第六十七节	说话的时候纯粹是自然本性的流露	176
第六十八节	尊重所有的人,所以也得别人的尊重	178
第六十九节	当一个人达到心性的纯净和超然时,他的每一个作为都将呈现圣贤之人的气象	180
第七十节	圣贤之人追求的是内心的稳定和清静	182
第七十一节	至善之人,物我两忘,纯粹自然无为	184

第七十二节	不执着于身外之物，而内在却是富足和超脱的	186
第七十三节	以至善的心，将善良的本性融入我们的行动中	188
第七十四节	与自然和谐共生，尊重、爱护和珍惜万物	191
第七十五节	大智若愚，守住温和柔顺的谦虚	193
第七十六节	丛山之间的水沟，以卑下自处，自然会成为众流之所归	195
第七十七节	像山谷一样，能够虚心接受一切，自然使人信服	198
第七十八节	守住纯朴无华，超越单一用途的限制，成为多重角色的主宰	200
第七十九节	守住纯真、朴素、无华	203
第八十节	人类是万物之灵，离不了物体间的原理	205
第八十一节	圣贤之人，去甚，去奢，去泰	207
第八十二节	有道的君子，平时都注重心平气和	209
第八十三节	知足者富	212
第八十四节	人的精神、影响和价值观能够超越有生之年	214

第八十五节	自知者明，自胜者强	215
第八十六节	守住仁德之心，才能真正地战胜一切困难，达到永恒	217
第八十七节	天下之物，物极必反，阳极必阴，阴极必阳	219
第八十八节	柔胜刚，弱胜强	221
第八十九节	能够守住无为之道，自然就会成为万物之所向	224
第九十节	为人处世，应该以道德为上，仁义次之	227
第九十一节	上士闻道，勤而行之	229
第九十二节	正确的引导是成长道路上的明灯	231
第九十三节	以身示道，无为地发挥影响	234
第九十四节	明白大道的人，以机智全无为途径	237
第九十五节	进道若退	239
第九十六节	明道有德的人，心与道合	241
第九十七节	上德若谷	243
第九十八节	大德若不足	245

第三章 无为而无不为

- 第九十九节 注重身内真我的生命多过身外的声名　251
- 第一百节 对道有体悟之人，内心是知足的　253
- 第一百零一节 舍弃多余，回归本真　255
- 第一百零二节 大智若愚，大成若缺　257
- 第一百零三节 清静无为，使万物各得其所，使众人各得其归　261
- 第一百零四节 以中正之道立命，以和煦之气养身　263
- 第一百零五节 不守清静无为，心不得一时的宁静　266
- 第一百零六节 心中无道，性命怎能长保　269
- 第一百零七节 过多的欲望和执着会干扰身心的平衡　272
- 第一百零八节 修身之人，先要止念　274
- 第一百零九节 知足之足常足矣　276
- 第一百一十节 消除贪欲、瞋恚和痴念，损去知见　278
- 第一百一十一节 无为而无不为　280
- 第一百一十二节 天之无为而四时能行，地之无为而万物能生　284

第一百一十三节	心中圆明的人，自然可以洞见一切	287
第一百一十四节	不为而成	290
第一百一十五节	塞其兑，闭其门，终身不勤	292
第一百一十六节	见小曰明，守柔曰强	295
第一百一十七节	心德内外相应，才能归于灵明觉悟之中	298
第一百一十八节	保守太和之气	301
第一百一十九节	知和曰常	303
第一百二十节	保养先天太和之气，以增益寿命	306
第一百二十一节	摄养生命，了解真正的生死之道	308
第一百二十二节	悟道的人，心与道合	310
第一百二十三节	塞其兑，闭其门，挫其锐，解其纷	313
第一百二十四节	配合天地之德，顺其古道	316
第一百二十五节	取之于众生，用之于众生	319
第一百二十六节	有超脱之心，能够超出生死的表象	322
第一百二十七节	超越外在的名利，以内在价值和宝藏为指引	324
第一百二十八节	回到原本天真纯朴的世界里，获得	

	祥和与清静	326
第一百二十九节	清心寡欲、恬淡虚静，才是真正宝重自己的生命	329
第一百三十节	万物在平衡又调和的情况下生生化化，调节运转	332
第一百三十一节	圣贤之人，虚静恬淡，不与人纷争计较	335
第一百三十二节	天道无亲	338
第一百三十三节	欲不欲，不贵难得之货，学不学	340
第一百三十四节	圣贤之人的目标是回归自己的本性和良知	343
第一百三十五节	圣贤之人，为人方正、清廉、正直、心性光明	345
第一百三十六节	德行的培养应该成为我们生活中自然而不费力的习惯	348
第一百三十七节	圣贤之人心怀慈悲，热爱万物	350
第一百三十八节	圣贤之人处事，大公无私，虚无为怀	352
第一百三十九节	培养无形的道德，让人内心充实，在	

面对变化时保持坚定	354
第一百四十节　天下之至柔，驰骋天下之至坚	356
第一百四十一节　个人的修养和德行建立在细小事务的基础之上	358
第一百四十二节　知者不博，守一而万事毕	360
第一百四十三节　利而不害，为而不争	363
第一百四十四节　高以下为基	365
第一百四十五节　道不虚行，应缘而运	368
第一百四十六节　师者之风范德行	371

结语

前言

在过去的日子里,你是否曾感到生活一直在重复?年纪越来越大,身体也越来越不中用,可我们的心智模式与生命状态仍然没有任何变化。日子重复过,问题重复出现。我们期待以后可以更好,生命可以再前进。但我们做了些什么?改变了些什么?

终其一生,我们一直在寻找"我们到底要如何才能够让生命不同且更好"的答案,并且希望活出最恢宏的生命版本。要提升自己的精神境界,我们就不可以再让过去等于现在,等于未来。

在这本书中,我希望借助一些古圣先贤的智慧让你的生命再前进。过去很多圣贤,不管来自东方还是西方,都有很多领悟。我们常常说,站在巨人的肩膀上才能看得更远、更宽广,但是首先你要能够爬上巨人的肩膀。中国这块古老的土地拥有上下五千年的文明积淀,诞生了很多圣贤,然而鲜有人能够汲取并吸收圣贤的智慧。我们学了很多现代科学知识,却不懂得如何待人处事。虽然我们可能能力很强、学历很高、技术很在行,但是品性并没有跟上来。所以尽管我们外在拥有很多,但是仍然有很多烦恼,内心觉得很空虚。

要想让未来更好,我们就不能继续活在惯性思维模式里,不能只是活出过去的生命状态。我们可以通过改变思想、言语、行动,成就一个不同且更好的自己;通过觉察、觉知、觉悟,达到更高的生命境界;通过接受更多元的心智教育,扩展格局与视野。走的路不同,遇到的景色就不同。心智模式不同,活出的人生也不同。一个更好的未来在等着我们。

谨以此书,献给所有愿意为活出最恢宏的生命版本而努力不懈的朋友。

第一章 诚于中,形于外

第一节
与天地合其德

夫大人者,与天地合其德。"大人"并不是指有身份有地位的人,而是指具有高尚品德和智慧的人,甚至可以说是得道之人。从字形上看,人得一为大,而一为"道"之意。

"与天地合其德"意味着与自然和谐共处,融合于宇宙规律之中。这表达了人应该顺应自然,与宇宙天地和谐相处,不与自然相抗衡,遵循自然而行。这里的"自然"是指法则、原理,而非"自然界"的"自然"。

这种"合"所代表的合一概念,体现在个人的品德、行为,以及对生命和世界的看法上。

更好的文明成长,是让一群人依循"道之自然"而行，而不仅仅是一个人。

具有高尚品德和智慧的人，尊重自然法则，遵循道而行于日常，与宇宙共通。有智慧者所依循的、所明白的是"法则"而不是"现象"。因此，他知道在什么样的法则运转下会成为怎样，于是能在法则运转之下依道而行。

我们以平和、谦恭的心态与环境互动，遵循天地的运行规律，不负生命本源、本体的德行。这样的修养让我们在生活中能够更加自然、和谐，与宇宙万物同频合一。

第二节

与日月合其明

与日月合其明,与一切光明的物体合明,同为光明的体性。日月意味着光明,光明可借日月来表述。

"与日月合其明"可以表示与日月一样光明,并分享它们的光辉。日月之光明也可以是智慧和道德的象征。"合其明"是指与美好光明之品质相互融合。

于人而言,与日月合其明,可以是追求精神光明、智慧和美好的生命品质,并将它们融入自己的生活中。

从另一个维度来说,与日月合其明,意味着与宇宙中高尚的元素合而为一,不仅充实了自己,也为周遭的人和事物带来光明的影响。

在生命成长的过程中,我们应该寻求内在的光明和智慧,将其融合到生活的方方面面。

　　这种生命的成长使我们能够在日常生活中绽放光彩,影响身边的人和环境,去往更能与宇宙天地达到共振的境界。

第三节
与四时合其序

任何事物的产生和发展都不是孤立的，都需要依靠一定的条件和环境。真正的大道也不是虚无缥缈、无法施行的，而是能在遇到恰当的契机时显现并发挥作用的。这意味着随着四季的变化，和谐有序地运行。四季的变化是地球上自然法则的体现，彰显了宇宙运行的法则、一切事物生灭变化的规律。

人们若能理解这一点，也能在身心上顺应自然而不被事物束缚；如此，便能随缘而应其机，合其时势地运行，且能不执着于任何事物，达到内心平静的生命状态。

人们应该顺应这种变化，与自然界的节奏相调和。人们应该尊重自然的循环和变化，从更高的维度来说，就是依循真理大道，跟随每一时势的运行法则前行，而不要与之抗衡。

换一个维度来看，变是为了那不变。人应该有一个想要达到的目标，但不是固执不变通的，而是能在局势的变化中调整应变，同时不忘那初心。

一般来说，人要适应四季的交替，保持身心的平衡。我们或称之为动态的平衡。我们应学会在气象变化中调整自己的节奏和活动，以达到与自然和谐共处的境界。

"与四时合其序"于生命的不同阶段有着不同的意义。我们应顺应生命的发展过程，适应不同的情况，保持有智慧的、灵活的有机生命体的高维度状态，同时在内心维持一份平静和安详，让自己心平而气和。

"与四时合其序"可以是一种提醒、一种修身的方法，也可以是一种生命状态。

第四节

与鬼神合其吉凶

与鬼神合其吉凶中的"吉凶"可被视为顺境与逆境，可被当成做对与做错，可被视为遵循正确的准则和规范、合乎天理良心的与不遵循正确的准则和规范、不合乎天理良心的，或可被视为更高维度的存在与更低维度的存在。

于人世间，我们能与更低维度的存在以及更高维度的存在保持一种和谐的关系；无论是遇到好的还是坏的情况，都能平和对待，不会生出恐惧或执着，也都能从中得到成长的元素、养分，进而不断完善生命。

人应该尊重更低维度的存在及更高维度的存在、低能力者与高能力者等，不管对方是愚是智，都能与之保持良好的互动。

"与鬼神合其吉凶"可被当成对人们的一个提醒：不要被外界的吉凶祸福所左右，而应用平和的心态去应对生活的变化；能看清一切生灭无常，而保有平常心、平等心。

无论是顺境还是逆境，我们都要以平静、平常、平等的心态去迎接，乘义理之风而扬升。

第五节
为善不欲人知，行无为无求之善

为善不欲人知，行无为无求之善。我们常说，要活出不做交易的人生，那么我们的作为可不可以是纯粹而无求的呢？

善行可以是无私、无求的，而非为了让人知晓或得到回报而去做的。"为善不欲人知"意味着我们内心真挚，不需要别人的赞扬或认可。这种善行是出于纯粹的慈悲和善意，而不是为了取得外界的赞誉。这种无私的善行更趋近于纯粹的良知。

行善不是出自外界价值评价之影响，而是纯粹源自内心的一份良善。"行无为无求之善"的行善方式意味着内心是无为无求的。"无为"并不是指不做任何事，而是指做事不是为了个人的私利私欲，没有功利性，且不带着执着的心去作为。

这种基于无私和慈悲之心是不求回报的。这样的善行是纯粹而无求的，更能体现出内心的善良和慈悲。我们应当在行善的过程中保持纯粹、无私的心态，不追求外在的认可和回报，只是单纯地分享与给予。

我们应当基于内心的慈悲、正念或善意去做善事或正行。这种善事、正行不受外界干扰，更能真正体现出"善"的本质，或正知、正见、正念、正行的本质；从而为自己和他人带来光明、正知、正见、正能量。

第六节
至善无痕

至善之人，行善于天下，不虚伪做作，也不让别人知道他的念头。他的心中不会留下丝毫行善的痕迹。

至善之人，可以是有道之人。我们常说"止于至善""至善宝地"，"至善"可以指悟道、得道。

我们景仰到达这样高维度的生命境界之人。他具有高尚的品德和无私无我的生命状态，能随缘、抓住契机地率性于道。他只是活出了他的本然、自然而已。或者说，他的行为是不起一念的自然流露。

从较低的层面来说，这就如同起了善念，行善后就放下了，心中不留下行善之执念，也不去宣扬做过的善行。

从较高的层面来说，他不是因意识的作用才特意去作为，而是心存善念，不虚伪做作，活出了他生命的本然。

因为生命维度较高，所以他的善行不局限于狭隘的范围与对象，他关爱众生，包括天下一切生灵。

如此，"行善于天下"不是为了外在的赞誉或回报，而是出于内心的慈悲和善良。其善行是真挚的，其动机纯粹，没有虚伪做作，同时不让别人知道其行善的念头。他的善行是无私无求的，是不为别人所知的。

他的心中不会留下丝毫行善的痕迹。他这样做不是为了展示给别人看，不是为了证明自己的高尚，而只是纯粹的自然流露。

在他的心中没有对名声或功绩之念想，因为他的善行超越自我且入于无我。至善之人的善行是真挚、无私且无痕迹的。

他的善行未必是物质方面的救济，而可以是帮助众人解除痛苦，净化心灵，获得觉醒，活出自己的真实本性。

第七节
有道德的人，其善行是自然的流露

有道德的人，他做了许多善事，却不想去占有这份荣誉；他对别人的牺牲与奉献是出自无为的。

"有道德的人"是指明理通达、明其本体、致良知、明明德之人，他具有高维度的心智与心境。

一个有道德的人，如同之前所述，他的善行和慈悲心是无私的。他不追求外在的荣誉和回报，明白善恶之道，知道应该选择善行而远离恶行。

他的善行以内心的善念和慈悲心为指引，因此他能为自己和他人创造一个更美好的环境。他通过各种方式帮助他人、造福社会，而不求回报。

他深知行善的意义，因此即使没有人知道，他也会持之以恒地付出。他的内心"不想去占有这份荣誉",因为他的所作所为本不是为了获得荣誉和赞誉,而是为了遵循内心的真诚、良善和慈悲。他明白真正的善行应该是无私无求的,所以不会故意展示自己的善行而引人注目。

"他对别人的牺牲与奉献是出自无为的"意味着善行是自然而然地流露出来的。他无须刻意去做出牺牲和奉献,因为这是内在本性的自然流露。他理解"无为而无不为"的道理,不会特意为了什么而去作为,不需要强迫自己去做善事,而是自然地跟随内心的良知行动。

善行是出自内在的良知与本能,不受利益、名声的束缚。它传达了一种高尚的境界,是无私、单纯、无求的。

他的善行出于率性,是谓道,是谓心与道合。从意识层面来讲,他明白善行的真谛,知道这是一种修身养性的方式,是道德修养的一部分,并且有助于自己和他人的成长。

他不在意个人得失,其善行为内心的自然流露;他不需要刻意去想着该做什么，只需要随着内心的正知、正见、正念而行动。

他明白牺牲和奉献不是为了满足自我需求，而是因心中蕴藏着的一种普遍的慈悲；他愿意为了他人的幸福而付出，而不计较个人的损失。

这就如同到达了"不留下丝毫行善的痕迹"之境界——行善是发自内心的自然反应，而不是为了追求外界的赞誉和称赞。他已超越了这些表面的认可。

他的存在本身就是一种无言之教。他以身示道，让人们看到内心的良善和慈悲。这种境界可以成为人们学习的目标，也能引领人们走向生命的更高层次。

第八节
善行是内在自性的展现

"善行是内在自性的展现",这是一个深刻的内在体悟。他平时的善行善举是如此自然而然,以至于他已经不再把它们当作外在的行为,而是把它们当作内在自性的展现。他已经融入善的境界中,以至于他的善行成了他的本性,不再是刻意的行为,而是源于内在的真实表现。

他所达到的境界超越了对善行的执着和追求,超越了"我在做善事"的概念。因此,他做了许多好事、善事,却不将之视为自己所为,而是将之视为自然流露。

达到这种境界的人往往具有深刻的自我觉知,他看到自己已经超越了善恶二分,纯净地存在着,甚至能纯粹地在细微处助益他人。

他甚至能不再执着于外在的表现，而专注于内心的平静和善意。这种无我、无求的境界使他更趋于纯粹，更接近内心的真实。

达到这种无我、无求的纯粹境界的人已经超越了对善行的追求和体现，而能在每一刻都自然地展现善的本质。他不再以外在的行为来定义自己，而是以内在的光芒照亮世界。

从不同的角度进一步来领悟，这是一种极致的无我境界，是一种具有极高修养的境界。他甚至不再有"我在行善"的意识。他的善行已经深入到无我、无分别的境界，成为一种自然的流露。达到这种境界的人已经超越了对于自我的执着，也超越了对于行为结果的执着。

这样的人已经达到了一种"不计较，不追求"的境界。他行善只是因为内心自然而然地流露出善意和慈悲，而不是因为受到任何动机或目的的驱使。

达到这种境界的人，其善行是无为之为，是出于内心的自然流露。他的行为不是刻意的,也不带有任何自我意识。他已达到了一种内心的平和,达到了一种纯粹、无垢的境界。行善对他来说不再是一种努力,而是一种自然而然的展现。

这种无求的境界使他能够更纯粹地体验当下,更深刻地感受到生命的意义。这是一种超越了自我的境界,达到这种境界之人已经融入了善的本质,而能为他人带来光明。

第九节
以有余补不足

谁能够将有余的精神与财力奉献给天下贫困的人呢？用自己的长处去补助众人的不足，这就是圣贤之人所行的道啊！

能将自己的资源、才能、智慧和精神等奉献、分享给众人，以此来服务社会，帮助弱者，这呼应了仁爱和慈悲的精神。这种奉献不仅仅是物质上的，还有心灵层面的关怀和支持。

"用自己的长处去补助众人的不足"表达了人们应该发挥自己的长处、才华和优势，去帮助那些有需要的人。这是一种充满阳光与正能量的行为，是对他人的关怀和支持，能让社会更加和谐。这种奉献的行为是高尚的、崇高的。这就是圣贤之人所行的道啊！

圣贤之人被认为具有大智慧和慈悲心，他的奉献行为被认为是符合天理的，是一种对人类和社会的有益贡献。

我们应当深思："有谁能够将有余的精神与财力奉献给天下贫困的人呢？"这里所说的"贫困"未必只是物质层面的，还可以是身心灵层面的。

"以有余补不足"启发人们通过奉献和善行来帮助那些需要帮助的人，关心社会的不足，投入力量来创造更美好的世界，拥有一种无私的心态，用自己之有余来帮助那些处于困境中的人。这种帮助不仅仅是表面上的援助，更可以是精神层面上的对他人之所缺乏、所不足的填补，也可以是情感层面上的支持。

这种奉献的行为与大道是一致的，体现了对于整个大道真理的深刻理解和对人性的关怀。对大道有所体悟之人，能够超越个人的利益，用自己有形与无形的资源去帮助那些处于困境中的人。

"以有余补不足"这种行为体现了一种高尚的品格,也体现了仁爱与慈悲之精神。

第十节
了解真实的本质，以无为的心去处事

想要了解感受之相对性、认知之相对性，并知晓超越相对性的褒奖与烦恼的包袱，就会以无为的心去处事。

"了解感受之相对性、认知之相对性"的意思是，我们对于感受和认知的理解大多具有相对性。生活中的感受和认知受到各种因素的影响，不是绝对的真实。

我们需要明白，这种相对性受到个人经验、观点和情境的影响。因此，我们不要过度附加自己的主观评价，而应以客观、开放的态度去看待事物。

"知晓超越相对性的褒奖与烦恼的包袱"意味着我们应该意识到超越相对性的真实本质是什么。在充满相对性的世界中，我们常常受到快乐或痛苦的影响，这些情绪也会成为我们的包袱。如果我们能够通过这些情绪的表面了解到它们的本质是虚幻的，我们就能够释放自己，不再被这些情绪所困扰。

"以无为的心去处事"表达的是我们应以无为的心态去面对事情。"无为"并不是指不作为，而是指在行动中不执着于结果，不受情绪左右，只专注于当下的行动。

"以无为的心去处事"表达的是我们超越了自我的执着，不再以自我为中心，而与事物的自然流动相融合；能以开放的心态去认识世界，明白感受和认知的相对性，并且能超越情绪的包袱，了解真实的本质。在这样的引导下，我们能够以无为的心去处事，从而得到内在的平静和智慧。

人们的感受和认知大多是主观的，但世界的运作是多元和复杂的，我们应该持开放的心态去理解别人，避免将自己的价值观强加给他人，并应在判断事情时从多个角度去考虑。

我们也经常会受情绪、定见的影响而失去客观、平衡。我们要学习摆脱情绪的控制与对定见的执着，因为这些可能会影响我们的判断和行为。如果我们能够深入观察这些情绪、认知，认识到它们的短暂性、虚幻性，我们就能够较少受其左右。

"以无为的心去处事"彰显了无为的智慧。这种无为的心态源于对事物的深刻理解和内在的智慧，使我们能够更加自在地应对各种情况。只有当我们了解到外在世界的变化是相对和无常的，内在的平静和智慧才能显现出来。这能帮助我们摆脱对外在事物的执着，引导我们超越表面的相对性。

第十一节

"感受之相对性"与"超越感受之相对性"

所谓"感受的相对性",体现了人们对于事物二元性甚至多元性的感知。冷热、干湿、高低、饱饥、躁动与宁静、远近、亲疏、合己意与不合己意,等等,这些都可称为感受的相对性,也就是因对比与区分而引起了相对的感受。而这些感受又受限于自己身体之五感、意识、认知、知识、经验、执着、妄念等,所以不只具有相对性,而且具有局限性。

不同的人对相同的事情可能会有不同的感受,因此我们的感受是相对的,不是客观存在的事实,而是一种主观的解读。这种相对性提醒我们不要过分执着于自己的感受,而要理解他人的感受可能与我们不同。

而"超越感受之相对性"在某一维度上是指超越对感受的执着和情绪反应。我们通过了解感受之相对性,能够更客观地看待自己的感受,避免过度的情绪反应。当我们能超越感受的相对性时,我们就不会再让外在环境左右我们的情绪,而能让内心得到平静。这种超越的状态使我们能够更有智慧地应对生活中的种种挑战,不再受情绪波动的困扰,而能够以平静的心态去处理各种情况。

一般来讲,我们常常因为情绪而让自己受困,比如执着于某种喜好或厌恶。如果我们能够超越这种情绪的反应,就意味着我们能够不被感受所左右,不再因外在环境而产生情绪波动,而拥有稳定内在心境的能力。

这种对相对性感受的理解让我们明白,当我们能够"超越感受之相对性"时,我们就可以达到一种更高层次的境界,不再被自己的感受所左右,能够从感受的表面看到更深层的事实。我们不再因情绪而做出冲动的反应,而能够保持内心的平静并且有智慧地看待与回应一切。这样的状态与智慧使我们能够更好地理解事情的本质，不受情绪干扰，不再执着于自己的感受，不再将情绪当作判断事情的依据，而能够从更高的维度来看待事情，做出更明智的选择。

这能带来一种相对的自由和解脱，也能让我们能够达到更高的境界，超越情绪和感受，活在更宽广、更高维度的层面之中。

从"有我与无我"的角度来看，"感受之相对性"与"超越感受之相对性"可以被更深入地理解。从"有我"的角度来看，我们往往会将自己的感受视为"我"的一部分，认为这些感受代表着我们的真实存在。在这种认知下，我们会执着于自己的感受，并且容易受到感受的影响而产生情绪波动。所谓的"感受的相对性"，就是源于我们将感受与自我混为一谈，认为它们是真实的。

而从"无我"的观点来看，感受只是一个短暂的现象，并不代表我们的真实本质。从这个角度来看，我们可以透过感受的表面意识到其相对性，并不再被感受所困扰。明白自己并不等同于感受，而能超越这种感受——如果有这样的智慧，我们就可以保持内心的平静和理性。

"超越感受之相对性"意味着从"有我"的错误认知中解脱出来，理解感受的暂时性和相对性，并且从更高的维度来看待事情。如此，我们就不会再被感受所左右，而能够保持一种超越自我的智慧和平静。这种境界让我们能以更客观的眼光看待世界，做出明智的选择，并且更好地理解自己和他人，还有这个世界。

从"无我"的角度出发，我们可以更深刻地理解"超越感受之相对性"的意义，并探索如何通过修身养性达到这种境界。我们能够意识到自我是一个虚妄的概念，而所有的感受、想法和状态都是暂时且无常的。

因此，我们不再将自己的身份建立在这些层面上，不再将感受等同于自己的本质。这种"无我"的境界让我们超越了对于自我的执着，不再受到感受的干扰。在这种境界下，我们能够更自在地观察和体验各种感受，不再被感受所束缚。

我们通过观照、内观感受的产生、变化和消失的练习，能够不让感受左右我们的情绪和思维。这样我们就达到了"超越感受之相对性"，能不再被感受的相对性所困扰。

为了达到这种境界，我们可以静心观照自己的身体、感受、心念和思维等。这样的观照力有助于我们超越感受，使我们能够冷静地面对各种感受，并培养出一种不受感受左右的内在自在。

第十二节
舍多余，守中和

以无为的心去处事，就不会感到困扰。本着无为的心，墨守中庸之道，方能没有多余的作为，守住中和之道。这就是舍多余，守中和。

这里所谈论的，非一般的茫然存于世间之人的生命状态，而可以说是那些"清醒"之人的生命状态。大家可参考其生命维度与心境。

"以无为的心去处事，就不会感到困扰"，这是因为出发点是没有所求的、单纯无私的，所以我们能够尽心尽力地活在当下，没有得失心与有所求的执着，在情绪上也不会有太多的困扰；没有出于私欲之所求的执着，而能以一种放松、自然的方式去面对事情；不刻意追求特定结果,而能不陷入过度的努力、执着和控制之中。"无为的心"让我们不执着于特定的结果,而只专注于当下的做事过程。如此,无为之心更能让我们保持一分觉察与清醒。

当我们对自然法则有深刻的理解时,我们就能明白万物自有其运行规律,因此对生命之运行有一种不执着的随缘态度。换个维度来说,"道法自然"之"道"即真理法则;依真理法则运行,即道法自然。而我们一旦知道人心与人力的干预未必符合真理法则,便能放下对结果的过度的掌控欲望,使心进入无为的状态。

"本着无为的心,墨守中庸之道"中的"无为"并不是指不去做事、不作为,而是指内心不执着于特定结果,不执着于外在的成败得失。无为的心超越了个人利益和私欲,能自然而然地流动,如同水流一般无阻,并维持着一种平和的内在状态。这种心境也是一种智慧和平衡,让我们能在生活中更加从容地前行,淡化执着和欲望,也较少受情绪和外在环境的左右，而能以更高的境界面对生命的各种起伏和变化。

在这种心境下，我们不会过度控制，而是以平和、开放的态度去面对各种情况，同时墨守中庸之道。"中庸"有适度、平衡、和谐之意，"中庸之道"让我们在面对逆境或挑战时能保持不极端、不偏激、不过度的处事方式，从而避免极端的情绪和行为，在生活中有能力保持内心的平静与安定。

"没有多余的作为，守住中和之道"表达了在处理事情时应保持节制，不过分强求，不做不必要的行动，不过度干涉，保持中庸、适度的心态。如此，我们能够保持内心的平和与平衡，较轻松、自然地应对一切。这样便超越了对结果的执着和过度努力的状态，形成了节制和克己的心智与态度。

如此，我们便能避免过于浮躁的行动，以及过多的行动所造成的不必要的混乱。在这样的境界中，我们能够更有效地适应变化，保持内心的平静与清醒，并让中和之道引领我们的生活。这体现了一种超越执着与极端的处事智慧。

有时候，过多的作为与控制可能会让事情变得更加复杂，而让自己处于不必要的压力中。我们遇事时，需保持内心的平静，并通过适度的处理让事情有自然发展的空间。

生命的成长是多元、多维的，很多事物也是多面的。中和之道体现了一种平衡、适度的高维度心智与态度。它所追求的不是达到极致，而是通过对多元多维元素的调和而达到平衡、合理与和谐。

简单来说，"舍多余"这个观念提醒我们要远离不必要的过剩——包括物质、情感和行为方面的。

我们总是在追求更多的物质财富、更大的权力、更高的地位，却忽略了这些过度的追求可能会带来的心灵负担。情感上的过剩，例如过度的焦虑、愤怒、嫉妒，会让我们的内心变得纷乱;而行为上的过剩,如过度的干预、过于繁忙的生活,也可能会让我们失去内心的宁静与平衡。

"舍多余"就是要我们放下这些不必要的过剩。这样,我们便可以获得内心的平和与自在。

第十三节

认识自己，不自以为是，以平和的态度对待世界

不自以为是，认识到自己不是全对的——只有这样，他的德行才能够彰显。减少争辩，更合乎自然的道。何必去违反自然，去争辩是非呢？行不言之教。

我们不要自以为是，不能认为唯有自己的观点和看法是正确的，而去否定他人的看法。自以为是的态度容易导致偏见、傲慢、歧视和纠纷，这对于个人的成长和社会的和谐都是不利的，使我们无法真正与他人交流和理解他人。

谦虚的心态是开放性的，谦虚之人愿意接受不同的观点和意见，并从中学习。自以为是会让自己的见解与领悟

受到局限，进而形成难以突破的枷锁、囚牢——俗称"心牢"——把心困在其中。

只有认识到自己不是全对的，一个人的德行才能够彰显，这表达了自我认识的重要性。我们应当了解没有人是完美无缺的，没有人是全知全能的，每个人都有自己的不足之处和盲点。我们应当真正认识自己，包括自己的弱点和缺陷、无知和无明等。这样的自我认识让我们能够正视自己的状态并保持谦虚的态度，不自以为是，愿意接受不同的观点和意见，愿意反思自己的行为，检视自己的思想，并不断地改进、精进和提升。

当我们真正了解了自己并不断让自己成长和趋于完善时，我们一方面可以展现出内在的德行，另一方面能够丰富自己的人生，更好地与他人相处和共同成长。

我们可以用一些方法来培养谦虚的心态，认识自己的能力：

1. 反思与自我审视

每天花些时间静心反思自己的行为，检视自己的思想，问问自己是否有固执的地方，是否有可以改进的地方。这要求我们诚实面对自己的弱点和不足。

2. 学会倾听

在与他人交流时应专注地倾听他的观点。这有助于我们更好地理解他人的立场，也能够帮助我们意识到自己可能存在的偏见和狭隘。在他人表达不同的观点时，我们应该保持开放的心态，倾听他的想法，不急于做出反应或表达自己的意见。

3. 虚心学习

不断地学习新知识和技能，愿意接受不同领域的见解，扩展自己的视野。这有助于我们超越自我的限制，更好地了解世界和他人。

4. 接受反馈

愿意接受来自他人的反馈，不要对批评产生抵触情绪，而应用开放的心态去看待，并从中找到改进的方向。

5. 学习静心内观

静心内观的方法有助于我们观察自己的内在状态，了解自己的情感、思想和动机，获得更深层次的自我认识。我们需要保持内心的平静，因为争辩常常源于内心的不安和执着。我们可以通过静心、观呼吸的方式保持内心的平静，培养内在的平和、安定与宁静，减少内心的波动和冲突，减少我们对自我的执着，能在适当的时机表达自己的观点，而不会急于争辩。

6. 以身作则

以自己的行动示范仁爱、宽容和同理心；懂得适时退让；保持平和的心态，不固执己见。

7. 学习无我观

学习无我观，减少对自我的执着。这能够让我们不再为了证明自己而陷入争辩。

通过这些方法，我们可以逐渐培养出不自以为是的谦虚态度，加深对自己的了解，并能够更好地与他人联结，从不同的观点中学习，从而更好地彰显内在的德行和价值。由此，我们也能更接近自己的本性和生命的真谛。

"减少争辩，更合乎自然的道。何必去违反自然，去争辩是非呢？行不言之教。"这表达了在成长中学习"谦和与自然"的概念。我们的争辩往往是出于对自我的执着——想要证明自己是对的。这种争辩常常会导致纠纷和冲突。我们可以"以身示道"，而不是通过言语来争辩。以实际的行动来示范真理和智慧，这就是"行不言之教"。

通过自己的实际行动来影响他人，遵循自然法则，减少争辩，用实际行动来影响世界，展现智慧和善行——这样做有助于内心的和谐，也能够创造更和平的环境。

争辩往往反映了对自我的执着和自我中心，它源于我们的欲望和对于立场的坚持。这种争辩往往会带来分裂、无休止的冲突和纠纷。

"合乎自然的道"意味着遵循宇宙的运行规律,以平和的态度对待世界。这体现了意识体的一种高维度的处世心态。

"行不言之教"要求我们在行动中示范高维度的生命状态和智慧,为大家提供好环境。在言语信息被适度传达时,我们更应以身示道,通过自己的生命状态来表达信念,保持善良、仁爱和同理心,春风化雨,润物无声地影响他人。我们应以善行和智慧来影响他人,创造更和谐、平和的环境,展现高维度的生活智慧。

第十四节
以身示道,行不言之教

"以身示道,行不言之教"要求我们通过日常言行态度来示范,而不仅是依靠言语来教导。实际的行动更能影响他人,并呈现出一个典范。这种立体化、具体化的真实呈现,更具能量的流动性。

除了言语之教,还有多元化的不言之教。我们常说的言教、身教和境教中就有两种属于不言之教。这种不言之教更能有效能地为他人创造好的环境。

言语是沟通的一种方式,但有时候言语的力量可能很有限,特别是当对方对于我们所说的话持有抵触的态度时。此时,"以身示道,行不言之教"的方式更能够触动人心;而真正的改变常常源自内心的共鸣。

"以身示道,行不言之教"应深深根植于我们的内心，成为我们日常生活的一部分。一位具有慈悲心的人不仅会在口头上表示同情和关怀，而且会通过实际行动来帮助需要帮助的人。这显示出他对"慈悲"的真正理解和实践；而其影响会在实际行动中体现出来。

下面列举几个"以身示道"的内容供大家参考：

1. 诚实守信

让他人看到我们的言行一致，也将心中的善意和道德价值付诸实际行动，使心行一致。

2. 关怀与同情心

在他人需要帮助时伸出援手，以实际行动体现对他人的关怀。

3. 隐忍与宽容

在面对挑战和困难时能够保持冷静，表现出内心的平和与宽容。

4. 自律和节制

通过适度的自律和节制，展现出自我控制的能力。

5. 无私奉献

在不求回报的情况下帮助他人，尤其是那些处于困境中的人。

6. 内观与反省

定期的内观和反省可以使我们更清楚地了解自己的行为模式，从而更好地做出调整和改进。

7. 学习与成长

不断地学习和成长能够使我们更具深度和广度地将生命展现出来。

8. 培养内在美德

培养慈悲、宽容、善良等内在美德可以使我们的生命状态更有效地影响他人的心灵。

9. 以身作则

保持高尚的人格与品行，成为他人的好环境与榜样。

10. 虚怀若谷

保持谦逊和开放的态度，愿意聆听他人的意见和需求,从而更好地与他人达到心灵的共鸣。

通过这些方式,我们能够在实际行动中传递"以身示道,行不言之教"的理念,深刻地影响身边的人,也能够在更广的范围内发挥正面的影响力。

其力量远远超越单纯的言语,长久地植根于他人心灵深处,在无形之间,渐渐地改变着人们。

"以身示道,行不言之教"也表现出了谦逊和智慧。以开放的心态建立更深层次的联系,让我们更愿意聆听他人的心声,更能感受到对方的内心世界,而不会被自己的认知所束缚。

"以身示道,行不言之教"也是一种培养内在品质的方式。通过这种方式,我们在行为中逐渐培养出慈悲、宽容、无私和仁爱等美德;我们的每一个行为都是成长的见证。我们在这个过程中磨砺和提升自己的内在品质,同时展示着我们的素质和修养。

第十五节
圣人无名

真正的圣贤之人,不自以为是圣贤之人。有圣贤之人之行,但不以圣贤之人之名自居,这样反而使他的圣名长久。

真正的圣贤之人不会自我吹嘘或以自己的圣名为荣,这表达了一种谦逊和无私的高维度的生命态度。这意味着本着"无我"的态度,放下对自我利益的执着,自然地践行无私奉献、善心和善念;不追求外在的回报或认同,而是纯粹地出于心中的善意和慈悲而行动;不将自己看作特别的或超越常人的人。

这种无我、无私的态度让他的善行更加纯粹,并彰显了其内心的美德和高尚品质。他"不以圣贤之人之名自居",不自我吹嘘;他每天做善事是出于习惯,而不是为了追求虚荣的名声；他以无我、无私的态度做出奉献，行慈悲之事，关怀他人，并以众人的利益为先。这种无我、无私的态度使他的圣名在人们的心中得以长久地流传下去。

他愿意放下自我，在日常生活中践行谦卑、无我、无私等，而不去追求个人的光耀和赞誉。他具有过人的高维度的智慧和无私无我的境界。

我们可以效法他，向他学习。以下几项特质，供各位学习参考：

1. "无我"的心态

认识到自我是相对的，培养"无我"的心态，不以自我为中心。

2. 行善而无所求

纯粹出于善意和慈悲而行动，不求回报，不追求名声，成大器，行大益之事。

3. 谦逊与谦卑

保持谦逊与谦卑,承认自己的不足和不完美,而不自以为是;以谦恭之心面对他人。

4. 无私奉献

无私地把自己的资源、时间、智慧和能力用来造福众人,服务社会。

第十六节
功成而弗居

不居功之德,能功成身退,不去占有这个荣誉。

在人生的过程中,我们或许会有一些建树、成就。不管是对于个人的成就还是集体出力而为的成果,我们都不能把自己的付出看得太重,不应执着于功劳和成就,也不会因为表现很出色而追求外界的认可和赞誉。

我们应顺应缘分,不执着于任何事物,做一个能功成不居、功成身退之人,不因自己的善行或成就、成果而自我陶醉、自大;明白一切成就都源于诸多机缘,而不是一个人的功劳,因此不会将功绩揽为己有,而是将一切归功于诸多机缘和众人的帮助;认为一切都是流动的,是机缘巧合,是无常的,也是平常的,因此"能功成身退"且自然而然，不强求留下痕迹，也不会继续追求权力和地位。

我们应当保持一种放下执着的自在自然的心态，明白一切都是无常的，不需要执着于个人成就和名利；能够以平常心与不执着的心态面对成就，并在功成后恢复平静与常态；不因成就而变得骄傲，也不会因为已达成了什么而停滞不前。如能涵养如此厚德，便能虚心接受一切，不论成功或失败，都保持内在的平常心。

我们需要培养不执着的心态，学会放下自我，不为自己的成就和失败所困扰，不因为成就而自负，也不让成就成为自己的负担，能将成就归于众人，分享成果，"不去占有这个荣誉"。这种谦卑无私的态度能帮助我们不被成就和名利捆绑，保持内心的平和与自在。

如果能明白名誉和地位是虚幻的，不会随着一时的成功而持久存在，我们就不会为了维护自己的荣誉而执着于个人形象。

常思无常，意识到一切都是无常的，如此便能以平常心看待一切。不论是成就还是困难，都是暂时的，我们无须执着。我们需要学会谦卑，保持谦卑，不以自己为中心，培养谦虚和无我的意识，将一切归功于大我和诸多机缘，尊重他人，尊重一切生命。

我们可以更深刻地理解"不居功之德，能功成身退，不去占有这个荣誉"所蕴含的智慧，并且去实践之。

我们应将善行视为对生命的回馈而非个人的功绩，学会适时地放下成就，不为名利所困扰，以一颗轻盈的心去面对人生的起伏。

第十七节
过化存神

圣贤之人在世间教导众人,自己心中却没有留下痕迹,而能始终保持"心与道合"。

"过化存神"中的"过"可以指超越、放下;"化"则是指转化、变化、升华;"存神"可以指存于世间的一道曙光,也可以指保有、保持心神的清明和觉醒。

我们可以用"过化存神"来形容过往曾经有辉煌、建树与许多经历,而内心已能做到超越和转化,将一切都放下,不再执着,回归原本的平常心、清净心与不执着的心态,保有一份初心,或许还于外在留给人们一份可贵的精神典范。

换一个维度来说,"过化存神"可以表示超越一切相对性和变化，让心神达到无垢的纯粹境地。超越自我、超越执着、超越表面的现象，这种超越是放下，也是内在的解脱，还是一个转化的过程——通过转化内心的种种动态，实现心灵的净化，恢复本真。

"过化存神"也表达了超越个体自我、外在变化与执着的境界。这体现了无我、无为的心态，能使人达到内心的清静与解脱。

觉察和深入思考可以使人超越自己的执着，领悟到所有现象都是无常的、非恒常的，万物的变化是持续不断的，没有绝对的永恒与实在，因此不执着于事物的外在形式。

我们常受到对于自我或某些事物的执着的困扰，而这种执着正是痛苦的根源。当我们能够超越执着、放下固执的念头时，心灵方得以自由。我们应懂得不要执着于作为本身，做过了就要放下；我们应学会无为（无作为、不造作）。

不去想"我在做什么",也不去想"他人在接受我对他做什么",心中没有一件事是有意识地执着地运作的——这个境界可以说是"率性于道"。

身、语、意是构成我们存在和行为的基础,同时是我们执着的源头。"体空"表示这三个层面的变化无常——缺乏实质、固定的自性,不是我们真正的自我。明白了这一点,我们便能超越对身体、语言和意识的执着,减少困扰。

如果能够超越对身、语、意的执着,我们就能进一步理解存在的本质,从而超越一切界限,摆脱一切束缚、执着和干扰,实现内在的自由,进入内心的寂静,并与内在的真实相连。

"过化存神"可以指引我们达到更高维度的心境。生命的成长扬升不仅仅是外在的行为表现,更是内在的转化过程;这要求我们超越身体、语言和思想,通过观照它们的无常和空性,理解存在的真相并超越对它们的执着。

我们的身体会老化、生病、死亡,言语会随着情境改变,思想会起伏不定。这些变化显示了它们的相对性和无常性。因此,我们应放下对它们的执着,进而实现内在的和谐和自由,去除烦恼,摆脱束缚。

这种智慧让我们更接近实相,理解一切现象都是流动和无常的,并能更好地理解自己和周围世界的本质。在日常生活中,我们要学会运用这种智慧。在面对身体的变化、沟通的困难、思想的波动时,我们应以平静和通透的心态去应对,不再被情绪所左右。

"过化存神"的观念带来的人生启发让我们能够在这充满欲望与执着的世界中得到扬升,以及自由曙光的引领。

第十八节
保持天真、和谐的状态，没有争夺的欲念

有此宽容大度的涵养，连自己所建立的功德都不去攀附。保持天真、和谐的状态，没有争夺的欲念。

我们应培养宽容大度的心态，并且不执着于自己的善行和功德；即使有慈悲博爱、造福社会之成就，也能放下；理解立功立德不是一场交易，只是随缘率性而为，或只是应该这样做而已，而能不去攀附成就与荣誉。

宽容大度的涵养体现一种无为而为、单纯无求的生命境界。我们通常会以善行和功德来肯定自己，但如果我们执着于这些善行和功德，就可能会陷入自我的牢笼。因此，我们不要攀附和执着于所做的善行、所获的功德。在

做善行时，我们要本着无我、不执着的心态，不因所做的善行益事而变得骄傲，也不执着于功德成就。这样我们就能保持天真、和谐的状态，涵养一颗宽容、不执着的不争之心。

这样的状态能让我们不攀附功德，不因功德而沾沾自喜，超越自我的执着。

而没有争夺的欲念并不会让我们消极懈怠。我们仍可以保持精进，造福社会，在与他人的互助互利中成长并有所建树，而不会陷入计较、竞争、争夺中。

超越计较和执着，以平和的态度对待自己和他人。这能够促进我们与他人的互动、与环境的互动，从而创造一个更美好、更有意义的人生。

第十九节
不标榜自己的尊大,不夸耀自己的功德

不标榜自己的尊大,不去争取虚名与地位,不夸耀自己的功德。

"不标榜自己的尊大"中的"尊大"可以是地位、名声和自我价值感。通常,人们会希望在社会中获得尊重和认可。这句话主要是提醒我们不要过度强调自己的地位和重要性,以免陷入虚荣和骄傲的陷阱,失去与他人的真诚的联结。

这种自我审视或自觉让我们明白,虚名与地位只是暂时的,真正的价值在于内在的成长和生命的本质。

我们不要主动追求虚名与地位,也不要让其成为我们生活的主要目标。自然的"德配其位""德配其得",让

我们更容易做到没有后患。

这个世界上的虚名往往是转瞬即逝的，而真正的价值在于内在的德行和智慧。

若我们过度追求虚名，就可能会陷入竞争或受到短视的局限，而难以成长。通常，我们追求虚名和表面的成功，但这些并不能给我们带来持久的幸福和满足，只会带来虚妄的成就感。

关注内在的修养和品德，方能够丰富我们的内心世界。

夸耀自己的功德是因为过分执着于自己所做的善事。

不夸耀自己的功德之人，在修养上是谦逊的，他可以用平常心看待一切，认为自己的善行是本就应该做到的。我们即便做了很多善行，也不应该自吹自擂，张扬自己的功德。

尊重他人的感受并与他人建立真诚的联结，不让自己的善行被虚名损害，明白一切善行都源于共同的力量和影响。这样的态度能够让我们远离虚荣和自大，更关注自己的内在修养，并在日常生活中做出更多有意义的善行。

这种谦逊的态度也能够影响他人，启发人们更多地关注自己的内在品质，而不是外在的虚名与地位，使人们了解真正的价值在于内在的品德和修养，而不是外在的虚名和成就。

第二十节
不夸耀自己的才干，不骄不傲

经常夸耀自己本事的人，他骄傲的缺点已显露出来。不夸耀自己的才干，不骄不傲，这样的人更受人尊崇。

我们要谦逊地处事，不要自我吹嘘和夸耀，因为这会反映出我们的骄傲和自大。过度夸耀自己的本事往往会让别人感到不自在，并暗示着一种骄傲的态度。这样的行为可能会阻碍人际关系的建立，给人一种缺乏尊重和不够真诚的感觉。

谦虚地看待自己的本事和能力，不夸耀自己的才干——这反映出一种内心的平和与自信。我们不需要靠自我吹嘘来肯定自己——谦逊的态度更让人印象深刻，因为它能彰显我们内在的成熟和品位。

不夸耀自己的人往往更容易被人尊崇和信任,因为其态度让人感到舒适和受尊重。不夸耀自己也是一种内在的修养,能让我们更加成熟、平和地与他人相处,更容易建立真实的联结和友好的互动,因为这有助于我们展现出真实和真诚的一面。

在生活中,我们经常遇到那些自我吹嘘、不断夸耀自己才干和成就的人。这种行为往往反映了其内心的不安全感。如果一个人经常在别人面前展现自己的优越之处,那么实际上他可能是在寻求他人的认同和注意。这种自我夸耀的行为容易让别人感到不舒服,并且可能会破坏人际关系。

我们可以分享自己的知识、智慧和经验,但不是为了获得称赞而这样做。我们也能因别人的成功感到喜悦,学会欣赏他人的成就,并能从中获得启发。

我们需要从内心深处培养自信，而不应依赖外在的认同。我们可以专注于提升自己，而不是追求他人的称赞。这种谦逊的态度能够让我们拥有更加平和的心态，远离骄傲和自大。

第二十一节
在力行仁义的时候，能够时时"诚于中"

不与人争夺，在力行仁义的时候，不必刻意去标榜自己，能够时时"诚于中"。

"不与人争夺"意味着不去追求虚荣、虚名或表面的荣誉，而是专注于内在的成长和道德的实践。我们常在人际互动中陷入一种竞争心态，希望得到更多的赞誉、尊重或注意。然而，这种心态容易导致虚荣和自我膨胀，让我们失去纯真的本性。因此，我们应该避免这种心态，不寻求虚伪的赞美，而是保持谦虚和真诚。

在为善行时，内心应是谦虚、平和的；不去争夺虚荣、地位或成就，而保持内心的淡然和超越。这种态度源于对自己内在价值的认识，而非外在的赞誉。

当我们实践仁义或行善时，我们不需要刻意去展现自己的善行，也不需要寻求他人的认同或称赞，因为我们的行为来自内心的真诚和责任感。行善不是为了获得回报或虚妄的自我满足。

这样的行为才是真正的无我之行，因为我们超越了对个人利益的执着，而活在更高的仁义层面。

能够时时"诚于中"意味着时刻保持内心的纯真、真诚与平和。无论面对何种情境，我们都应保持内心的真实与诚实。这种真实与诚实让我们不受外在因素的干扰，也不会因为虚荣心而迷失自己，不会在喜怒哀乐之间失去自己的方向。

"诚于中"指引着我们培养内心的纯真和真诚，并放下对外在赞誉的执着。因此，我们能够坚持内心的纯真，不被外在的诱惑所影响，只是真诚行善、行道义；专注于内在修养的提升，而非寻求成就感；把注意力从外在的虚伪表象转移到内在真实上,关注自己道德和品格的提升;保持谦虚、真诚与平和的态度,不伪装自己,保持内心的纯真和真实。

这让我们更接近道德的本质,能够在行善的过程中获得真正的成长与提升,以及内心的平静与喜悦。

第二十二节
诚于中，形于外

"诚于中"，可以是内在的投射源；"形于外"，可以是被内在投射出来的。两者合起来也意味着内外一致，知行合一。

如果我们能在内心保持真诚、平和的态度，并在外在的行为中展现出这种真诚和平和，那么内在与外在就具有一致性，我们的内心和行为就是相符的。

我们外在的行为应该与内心的真实情况相符，能够展现出我们内心的真实面貌，而没有伪装，不弄虚作假。不做虚伪的行为，而是按照内心的真实去行动——这个原则的核心在于内外一致。这种一致性不仅有助于我们内在真实的发展与完善，也让我们向外界展现出真正的自己。内心和外在之间不应该有差别，我们应保持内在与外在的和谐统一，以及内心与外在行为的一致性。

我们应该保持一种高维度的内外一致，而不是低维度的内外一致。所以，我们不仅要做到不自欺，也要不断地精进，提升自己的内在维度，进而真实地形于外。内在的不断转化与扬升有助于展示形于外的生命状态。

我们需要持续地成长，这是一种不断扬升的状态，而不是一种定型的状态。我们通过培养内在的纯净和诚实，可以不断提升自己的修养，并将这种修养体现在我们的言行中。在日常生活中实践"诚于中，形于外"，如此，我们便能成为身心和谐的、真实的人。

第二十三节
不珍藏难得的财富,断除一切邪思妄念

"不珍藏难得的财富"中的"财富"可以是物质财富,也可以是我们的成就、地位、权势、名声等。我们应超越贪执,不对物质财富、名利权势过度执着,不要因这种执着而迷失自己。我们不可执着于这些财富,只有放下对这些财富的执着,我们才能够放下对外在的渴望,减轻心灵的负担。

我们要看清楚这些财富的本质——它们是无常的;我们要认识到这些外在的财富都是暂时的。因此,在这短暂的一生中,我们不要过度追求与执着于外在的财富。

我们应以"放得下"的心态来拥有,而不应执着。如此,内心就是清净的、无挂碍的。

不执着于外在的财富，使我们能保持内心的平静和安定，有能量与心境来进行内在的探索，专注于更高的生命维度上的成长，从而充实我们的精神世界，获得真正的内心的满足。

"断除一切邪思妄念"中的"邪思妄念"是我们对于自我、他人和世界的错误认知，它们常常带来无益的情绪和行为。通过心智维度的成长与扬升，学习静心、观照和内观，我们观察、理解和转化这些邪思、偏见、妄念，清除心中扭曲的认知、妄念、干扰与污染，从而达到内心的清净、清明，拥有平静的心境。

邪思妄念使我们对事物产生偏见、执着和不正确的态度。断除邪思妄念是解放心灵的关键。学着放下对这些财富的执着，将注意力转向内在心性的成长，这有助于我们更深入地理解自己和世界，超越相对性的界限。

正视和转化邪思妄念有助于我们净化心灵，以更正确的方式看待自己、他人和这个世界;让我们更容易实现内在的富足和清明,并能将这种富足分享给他人,成为一个有益于社会的人。

第二十四节
以博爱的精神遍及一切

能断除邪思妄念,才能神清气爽,精神饱满。须消除高傲与自满,以博爱的精神遍及一切。

这种智慧引领我们走向博爱和慈悲,从内在到外在,建立一种光明、温暖、和谐的生命状态。

邪思妄念常常使我们的心灵混乱不安,无法真正专注于当下。断除这些邪思妄念能够让我们的心灵变得清澈明亮,心态变得轻松愉快,精神变得充实饱满。

"能断除邪思妄念,才能神清气爽,精神饱满。"我们每天都会被各种妄念所困扰,这些妄念来自我们的执着和错误的认知。我们只有断除这些妄念,才能停止能量内耗,清除内在的雾霾,从而变得清澈明亮,神清气爽。这种清澈的状态能够让我们更好地感受到生命的美好。

"需消除高傲与自满,以博爱的精神遍及一切。"高傲和自满常常使我们自以为是,使我们无法真正与他人联结。通过消除这些障碍,我们能够用一颗博爱的心去看待世界,让爱和关怀遍及众生。这种博爱的精神能够打破人与人之间的界限,让我们更加宽容、和善地对待他人,并培养出一种无私的爱心,从而超越个人的利益和偏见。这种博爱的精神能够指引我们实践无我、博爱的理念。

这种博爱的精神,是一种超越自我的慈悲。它不受个人情感、关系或境遇的限制,不分种族、性别、地位或身份,而能涵盖一切。我们应实践无我、博爱的理念,突破自我的界限,展现无限的爱和关怀,积极地将这份慈悲带入生活中,帮助他人解除苦难,实现内心的平安和喜悦。

这种博爱的精神指导我们在生命中实践无我与博爱的理念,展现普遍的爱和慈悲心。无论背景、境遇或行为如何,我们内心之悲悯都是基于对苦难和困惑的深入体察。

我们应以帮助他人获得解脱为目标。

通过培养慈悲之心和普遍之爱，我们终将超越个人利益和偏见，以无限的爱护和关怀面对一切生命，成为爱与智慧的使者。

第二十五节
以无分别而博爱的心来看待世界

没有偏狭之心与分别之念，以博爱的心去养育万物，爱护万物，不以为自己就是天地万物的主人。

这种智慧能够指引我们达到更高维度的心智与生命状态。"没有偏狭之心与分别之念"，告诉我们该如何以无分别的、博爱的心来对待世界上的一切人、事、物，让心灵达到平静与和谐的境界。偏狭之心常常是由我们的执着和分别之心所导致的。我们容易依据喜好与厌恶、对与错、我与他等对立对事物进行区分，从而感受到种种限制和冲突，在心中形成无尽的纠结与负担。

以智慧的眼光看待事物的本质，意识到一切现象都是无常的、空性的，这样才能减轻内心的负担，做到无分别之心，获得内心的宁静。想要成长，就要懂得如何超越二元对立，以无分别的心来看待一切现象。这种无分别的心让我们不再受困于执着和分别，能够看到事物的本质，实现内心的宁静与和谐。

"以博爱的心去养育万物，爱护万物，不以为自己就是天地万物的主人"表达了一种开放和慈悲的处世态度。我们常常以自我为中心，视他人为工具，只关心自身的需求。然而，真正具有高维度心态的人懂得以博爱的心去看待一切，尊重每一个生命，爱护万物，不轻视或者剥削其他生命。以一颗博爱的心对待一切生命，无分别地给予它们尊重与爱护，这是一种无私与慈悲的态度。

我们也不应该自视为天地万物的主人，而应该以谦卑的心来面对世界。这种博爱的态度让我们的心态更加平和、和谐，能够真正体验到一切生命的联结与共生。我们不应该自视为世界或宇宙的主人，而应自视为一个微小的存在，能与一切生命和谐共处。这样的态度能够破除自我的执着，让我们以慈悲和谦卑的心态与世界互动；还能培养出博爱和无私的品质，减少我们对外界的攫取与支配；并且能培养出无私奉献的心，促使我们建立一个更加和谐的社会与世界。

如果能够以超越的心看待一切，达到内在的自由，不再受执着和分别之心的困扰，那么生命维度的提升不仅会使我们个人受益，也能够为整个社会和宇宙带来和谐、平衡与爱。

我们应以无分别而博爱的心来看待世界，超越偏狭的心念，尊重与爱护万物，并且以谦卑的心态去面对生命的奥妙。这能够带来内在的平静与和谐，并且让我们更贴近生命的本质与真谛。这里面蕴含的深意指导我们在生活中以智慧和慈悲的心对待自己、他人以及整个宇宙。

第二十六节
无欲望，也不居功，能虚心接受一切

无欲望，也不居功，能以平等无差别的心接受一切！不以为自己很大，这才是真正的伟大，更能成就伟大。

这是一种无私无欲或超越个人私欲的心态，也是一种在自我消融中获得真正的无为而为的恢宏气象。

"无欲望，也不居功，能以平等无差别的心接受一切！"这样的人无欲求，不居功，不执着于个人的欲望与功绩，不受欲望的缠绕，不为名利所动，能够超越个人私利，达到一种心灵的自由。"不居功"是指不将善行、功绩等作为塑造自我身份的基础，不追求外在的肯定和认同。这种心态让我们能够"平等地接受一切"，能够将一切经历视为生命的体验，不为成功或失败所动摇，保持一种内在的平静。

欲望和功利心常常使我们陷于个人利益之中，无法体会到无限的自由和平静。我们一旦能够超越这些欲望，不以功利为目的，就能够虚怀若谷地接纳一切，不再有执着的负担，达到内在的平静，大公无私，并有功成身退的气度与格局。

"不以为自己很大，这才是真正的伟大，更能成就伟大。"这表达了我们不应自我膨胀，应具有谦卑和博爱的态度。不自傲，不自负，不将自己看作某种特殊的存在，这种谦卑的态度实际上是真正的伟大，因为它让我们超越了自我的限制，并让心灵延伸到更宽广的范畴。当我们不再将自己看得那么重要，而将眼光放在整个宇宙和众生上时，我们的伟大就在无私奉献中得到了体现。这种无我的心态使我们超越自我的限制，展现出生而不有、为而不恃、长而不宰的玄德的维度。

我们应不以自我为中心，也不被功利所迷惑，超越个人的小我，培养一种无私无我、谦卑无为的心态；以一颗虚怀若谷、谦卑无私的心面对生活中的种种考验和机遇。我们能够通过无欲、不居功的心态消除内心的烦恼，获得内在的平静，也能够通过谦卑和无私的品质使自身成为好环境的一部分，形成正面的影响力，以身示道，为世界带来高维度文明的风范。

"不以为自己很大"，这种谦卑的态度使人更伟大，因为它使我们能够充分发挥潜力，不受自身价值观的拘束，而融入更大的生命整体中。"伟大"一词只是他人的评价，而我们自己并不会认为自己伟大。

这种态度让我们能够不受外在变化的影响，保持内心的平静与和谐，也提醒我们在成长中要不断地反省，内观我们的那颗心。如此，我们便能放下功利心和执着，通过无欲望和不居功，活出率性于道的至真至善，对他人和世界做出无私的奉献。

第二十七节
不自生，故能长生

不生长自己，而生长万物；不为自己，而为别人；将自己置之度外，但真我是长久存在的！

这句话传递了一种本自具足之母体生命观和高维度的生活态度。从大地之母或天地之母的维度来理解，一切都在整体之内。这种境界超越自我，让我们用无私和大爱来守护、创造与存在。

"不生长自己，而生长万物；不为自己，而为别人"是在从大地之母或天地之母的维度来理解：不将自我放在首位，不是只顾个人的成长与需求；能以开放的格局和大气象来关爱和照顾他人，用心去栽培、支持和启发他人，帮助他们成长。这种无私的大我的奉献精神超越了自我成长需求之界限，使我们能与他人共同成长与存在。

"将自己置之度外"意味着超越对个人身份、地位和成就的执着，不再以自我为中心，将自己融入更大的生命的整体之中。而"真我是长久存在的"指的是我们内在真实的本性，它是超越时空限制的，是不会随着外在环境的变化而改变的。如果我们能够让这个真我觉醒，并认识到自己的本源与本体，我们就能在生活中保持一种超越个人短暂存在的视野。这能帮助我们逐渐提升，超越时空，找回真我，从而在变幻的世界中保持内心的平静和自在。

我们以超越自我的心态去奉献，去付出，去支持、协助和成就他人，同时不忘本真的存在。这样的心态让我们能够更全面地看待生命，不被自我局限，同时在关爱他人的过程中深化对自己本性的认识，实现心灵的成长和提升。

我们应该放下自我的执着，而我们的真实本质是不会消失的。

在生命成长的过程中，我们逐渐觉醒并认识到这个无限存在的真我，它超越了个人身份、角色和世俗的变化。这种认识帮助我们更从容地处理生活的起伏，因为我们知道，即使表面上可能会发生变化，我们的内在本质也是稳固和不变的。

我们应当超越自我限制，活在一体性的自然之中，活出一种整体观，展现出生命的超然与本真。

第二十八节
知道进退的分寸,凡事适可而止

没有私心,知道进退的分寸,凡事适可而止,不自夸自大,使自己安逸恬适。

这句话意味着一种内在的平和和对生活的深刻洞察,并建议我们以无私的心态和明智的选择来营造安逸的生活。

"没有私心,知道进退的分寸,凡事适可而止",教导我们该如何以平和的心态处理事情。消除私心可以使我们放下自我的执着,从而能够更审慎地抉择进退,把握时机,在行为上保持适度和节制。"没有私心"意味着放下对以自我为中心的执着,不再为个人的私利而行动。这种无私的心态让我们更能够审时度势,选择合适的时机和方式。这样我们的行动就更能够与自然的脉动同频，而不是相冲突。明白何时该前进、扬升、改变，何时该退缩、停止，这不仅展现了智慧，也避免了过度的尝试和要求。

"凡事适可而止"体现了一种克制的态度，让我们避免极端和过度，从而在生活中保持平衡。

"不自夸自大，使自己安逸恬适"，提醒我们不要自以为是，不可寻求虚荣的夸耀，远离骄傲和自大。所谓的"满招损，谦受益"也有着类似的警示作用。依此行事，我们便可不再受到虚荣心、傲慢心的困扰，放下自我的包袱，以无私、平和、克制和谦逊的心态来面对生活。

这种内在的修养不仅能够丰富我们的心灵，还可以让我们放下私心，不再自大，慎重进退，从而能够更自在地处理生活中的挑战，并找到内心的自在与安宁。这种自在不是来自外在的物质或成就，而是源自内心的清净和修养。

不标榜自己的尊大，不夸耀自己的功德——这可以让我们免于争取虚名与地位。我们应当学习将心往内收，不再张扬自己的成就和优越感，不再追求外在的赞誉，也不再与他人做比较。放下自我，成为更大的整体的一部分——这会使我们的内在更加宽广和开放。

这是一种内在的修养和境界，超越了个人的私利和虚荣。我们只需要自然地流露，而不会执着于名利、功德的表象，也不会夸耀自己的成就、名声与功德。这样的心态使我们更加谦逊与平和，保有一颗平常心，获得内心的平静与自在。

如此，我们也不会影响他人，引起他们的争取虚名之心。

第二十九节
直取身中之金玉，养性命之真常

"直取身中之金玉，养性命之真常"中的"金玉"可比作"金乌""玉兔"。古人认为，日中有金乌，月中有玉兔，所以用金乌、玉兔代表日月乾坤。我们可以将之理解为存在于我们内在的乾坤之道、光明本性，并在其引导下直接面向自我内部，去寻找我们本来就存在的内在宝藏。这也就是所谓的"明明德""致良知"。由此，我们能够涵养真实本性并活出真我。

"直取身中之金玉"的意思是，我们自身内部就蕴含着一种宝贵的精华，它就像金玉一样珍贵。我们的内在蕴含着无限的潜力和宝藏，这些是我们的本有。我们必须有寻求根本究竟之心智，方能朝着本源的方向去探索，通过深入内在去发现我们的天赋、潜力和本质。

我们经常被外界干扰，向外追求物质利益，而忽略了内在的宝藏。因此，我们可以学习如何从物质维度观世界的心智提升到从精神维度观世界的心智。这样，我们方能不再一味地追求外在的物质，转而朝向内心精神世界去探索，发现那早就存在的本有。

"养性命之真常"则是指，秉持这种本有的生命之真实恒常，活出生命本质的真实的样子。如此，我们便能保持本性并活出率性于道的本真。

这个世界上的万物变幻无常，唯有我们的真实本性是不变的，它是我们内在的光辉和本质。通过深入内在而修身养性，我们能够唤醒并保持这份真实本性，使之成为我们行为的指南。这也是从更高的维度来理解"诚于中，形于外"。

简单来说，"养性命之真常"就是通过深入内在来发现我们的本真，并将这份本真与光芒展现于生活之中。这就如同见到本性，守住本性，活出本性，进而呈现出"心与道合，行与道合"的高维度生命状态。

第三十节
常养性中之腹饱，不受外物而乱心

不生骄傲之心，不去强求物质享受，一心一意，常养性中之腹饱，不受外物而乱心。

"不生骄傲之心"是指不因自己的成就而变得骄傲和自满，不让自己的优越感影响对待他人的方式。骄傲之心容易使人高估自己，看轻他人。这种心态阻碍了人际关系的和谐和自我成长。如果能放下骄傲，保持谦虚并尊重他人，我们就能更好地与他人相处，向他人学习。

不去强求物质享受，因为过多地追求物质享受可能会使我们忽视生活的本质，陷入无止境的欲望中，并导致内心的焦虑和不满。过度地将焦点放在虚浮的事物上，会让我们忽略真正的内在价值。

若能放下对物质的过度执着，我们便能够专注于更有意义的事情，转而关注内在的充实和精神的成长，达到一种超越物质欲望的境界，进一步获得内心的平静和充实。

一心一意，常养性中之腹饱，不受外物而乱心。外在事物变化无常，若心境受外物左右，情绪就会不稳定。我们如不再执着于物质和自我，就可以适度地过简约的生活，不追求过多的物质的拥有。

我们应当摆脱对物质的过度执着，将焦点从外在的物质追求转移到内在的实践和成长上来，培养心灵的内在富足，不再为物质所困扰，不再被骄傲和自我中心所困，让内在的充实感来自精神和心智的成长。如此，我们自然不易因外物的影响而乱了心智。

将思想集中起来并专注于内在的状态和当下的事物，不分心于外在的干扰。如此，我们便能减少无谓的欲望和焦虑，充实自己的内在，使心灵饱足而不再受到空虚的困扰，也不再受外界波动的干扰和影响，从而维持内在的平静和安宁。

第三十一节
守先天的元气，保全天真柔和的本性

得到尊荣的地位，但是不视之为自己的荣耀；神不外游，意不散乱；守先天的元气，如婴儿赤子一样，保全天真柔和的本性。

当一个人获得了尊荣的地位时，他可能会面临诱惑，陶醉在自身的成就和荣誉中，迷失了自我。真正有智慧的人"得到尊荣的地位，但是不视之为自己的荣耀"。他不会因为尊荣的地位而自以为是，他明白这些外在的成就并不代表真正的自己，也不会让这种地位左右他的自我认同。

这种对尊荣的地位的清醒认知表达了一种谦逊的态度。我们应该不受外在环境的干扰，明白尊荣的地位只是表象，在看待尊荣的地位时能保持一种平常心，并且更看重对内在本性的保护和培养，能保持谦逊的态度和无我的观念。

"神不外游，意不散乱"意味着即使身处尊荣的地位，仍然能让自己保持内心的平静与专注，不让意识被无关的思想扰乱，不会被外界的刺激和干扰所牵引迷惑，不会被无关的思绪所占据，不会被外在因素所左右。

"守先天的元气，如婴儿赤子一样"是指守护先天的元气就像恢复婴儿、赤子之心性一般。我们需要通过内在的恢复与练习来保全我们天真、纯真和柔和的本性。婴儿和赤子的心灵是纯洁的，具有纯真和无污染的特质。

我们应该保持这种纯真的心性，维持心灵的纯净、纯真和无邪，不受世俗的扭曲和污染。

婴儿是天真无邪的，他的心态是单纯、柔和的；其内在是寂静的，其心灵是纯洁的；他是无我无执的——活在当下，没有过去的忧虑，也没有未来的焦虑。婴儿的心灵自由而没有束缚和欲望，未受尘世烦恼的影响。

这种比喻是要我们学习婴儿，恢复那赤子的心性，回归本性的单纯、天真和柔和。

"保全天真柔和的本性"就是指守护先天的元气，保持纯真的心态。这将成为我们人生的指引和动力，让我们更好地活出内在的美好本性，并在生命的各个层面散发出心性的光芒。

第三十二节

自净其意,保持天真、博爱、自然、无为之心

洗除贪执之心,自净其意,使心灵清净澄澈而无瑕疵,保持一种天真、博爱、自然、无为之心。

"贪执"是对外在事物的执着和渴望,它让我们陷入无休止的追逐与焦虑之中,使我们的心境变得混浊。我们需要努力去除这种贪执之心,学会不附着于物质、名誉或权力。

我们需要通过认识自己的欲望和执着来自净意念,清除心中的杂念和污垢,使心灵变得清净澄澈,不易被纷扰和负面情绪所困扰,能长久地保持平静和稳定。在心灵清净澄澈的基础上,我们能够培养一种天真、博爱、自然、无为的心,它是无为的,是自然而然地展现出来的,是无

私、善良和博爱的。

自净其意是心灵的内在洗涤的过程。我们需要静下心，进入内心世界，澄清思绪。我们通过自我观察可以看到自己的想法和情感，了解它们的起因，并学会释放那些不再有益的思绪。通过这样的自我净化，我们的心境变得更加纯净和平静。

清净的心让我们能够看到事物的本质，而不受情感和偏见的影响。"无瑕疵"意味着我们的心中没有偏见和污染，像一面澄澈的镜子，能够反映出事物的真实。

"天真、博爱、自然、无为之心"指的是我们通过洗涤心灵而进入的一种"天真"的境界，它是纯真和无邪的。在这样的境界中，我们能够感受到自然的流动，不再强求事物的改变，只是依顺自然的节奏。"博爱"意味着我们对一切生命的关爱——我们会无私地将关怀和爱心延伸到每个生命，无论其大小。博爱的境界是自然、无为而无不为的。

第三十三节

在喜怒哀乐的变化中，保持心境的平和与轻柔

人心为一身之主，在喜怒哀乐、出入动静的时候，应常守安乐、柔弱。

"人心为一身之主"，我们的内心是我们生命的核心，是自己生命的主宰。

我们的一切行为和体验都源自内心。内心是我们思想、情感和意识的源泉。我们的心态和情感将影响我们的思想、行为和体验。

喜、怒、哀、乐是人类情感的基本表达方式，这些情绪可能由自己的内心产生，也可能是外来的；可能是刚刚发生的，也可能已持续一段时间了。我们可以在各种情感

和心境的变化中保持觉察和觉知。通过觉察这些情感的变化并从出离的观察者角度来观看这些情绪，我们能够更好地了解自己的内在状态和反应。

"常守安乐、柔弱"中的安乐、柔弱指的是内心世界的平静、安宁和柔软的状态。这种状态由内心的平和、满足感以及宁静所构成。在这种状态下，我们能感到内心不受外界的干扰，并能够在各种环境中保持平和的情绪与心境。

这种安乐、柔弱的状态可能包括内在的平和、满足、灵活、开放、包容及自我接受。这是一种内在的宁静和稳定，让人能够以更宽广的视角去理解和面对生活中的种种体验。

我们应学会在喜怒哀乐的变化中保持心境的平和与轻柔。我们通过练习静心、呼吸和内观可以提升觉察和觉知自己思想和情绪的能力，越来越从容地处理各种情感和情境，更好地应对生活的起伏和变化。我们应拥有保持内心平和、安宁和柔软的能力，不受情绪的影响，从而达到内心常守安乐、柔弱的境界。

第三十四节
保本性的灵明，不迷失天赋之本性

在完全明了之后，还保持不以聪明为骄傲，不追求外在的形、声、色，保本性的灵明，不迷失天赋之本性。

我们应当"在完全明了之后，还保持不以聪明为骄傲"。通常，我们在理解了某个事物或概念后，容易产生骄傲和自满的情绪。骄傲会封闭我们的心智，使我们无法真正成长和学到更多。尽管我们可能获得了许多知识和智慧，但这不应该成为骄傲的资本。

真正的智慧是能够看到自己的知识只是宇宙中微不足道的一缕。我们应该保持谦虚的态度，认识到知识的广度和未知事物的深度，并以开放的态度不断学习，不以自己的聪明为傲。这强调了在完全明白理解事物后，不应该自以为是，而应保有谦虚和谨慎的态度。

"不追求外在的形、声、色"中的"形、声、色"代表外在的表象和虚华。现代社会中，人们常常强调外在的形象，追求名利、虚华和社会地位，这可能让我们迷失自己，忽视那些本应该被给予更多关注的内在的生命品质及其意义、价值。

"保本性的灵明，不迷失天赋之本性"告诉我们应当保持内在本质的纯真和清明，恢复并活出天赋之本性，而不被外界的干扰和诱惑所影响。"本性的灵明"指的是内在的智慧和灵性，这是我们与生俱来的。

我们常常会在日常生活中受到社会环境的影响，而偏离本性，迷失自我，忘记了我们内在本质的纯真和清明。我们要保持对自己内在的觉知，不断内省和自我觉察，避免迷失于外在的诱惑中，而能常保清明，不丧失我们的本性，并且以这种清明的本性去处事、与人交往，以及生活。

第三十五节
在处理事务的过程中，对一切外源性干扰保持平常心

在处理事务时不会急迫冲动，能谨慎而不被扰动，对一切外源性干扰保持平常心。

在处理事务的过程中保持内在的平和与冷静，这使我们能保持一种不被外在干扰所影响的状态。这不仅有助于我们更好地思考和评估情况，更好地解决问题，还能够让我们更好地控制自己的情绪。

如此，我们便不会急于行动，不会过度反应。适度的反应能够让我们更好地掌控局势，不被情绪所左右，不会因为事情的好坏而产生剧烈的情绪变化。保持一种平和的心态，让我们能够更稳定地应对各种情况。

不要急迫或冲动地行动,而应保持适当的步调和节奏。这种不急不躁、谨慎思考、不受外界干扰、平和及处变不惊的态度,能够帮助我们更好地控制局势,做出明智的决策。

常常保持内心的平静,不让外界的喧嚣影响我们的情绪和思维。如此,我们在处理事务时就会更加从容。

第三十六节
在追求目标的过程中,要保持内心的平静和节制

狩猎竞技,将会使自己疯狂于争斗之心。过分追求虚荣的人,往往会不顾节操,而身败名裂。

"狩猎竞技"可以代表任何形式的竞争、争斗或追求,"疯狂于争斗之心"指的是过于执着和强烈的追求胜利的心态。"过分追求虚荣的人"则是指过于在意外界评价、追求外在形象、贪慕虚荣的人。

在这种状态下,人们会被蒙蔽心智而陷入疯狂的竞争之中,不惜一切代价去争取胜利。此时,人们可能忽略了自己内心的价值和道德标准,让激烈的竞争和对虚荣的追求影响其判断和行为。

这可能导致他不顾伦理、节操和道义,为了达成目标而做出不当的行为。

最终,他可能会在名誉上受损,身败名裂,失去他所追求的一切。

我们应知,在追求目标的过程中,要保持内心的平静和节制,避免做出不当的行为,以免付出不必要的代价或身败名裂。

第三十七节
灵性是微细奥妙的，本性是永远通达的

灵性是微细奥妙的，本性是永远通达的。这句话意味着灵性和本性之间存在微妙的关系，并且强调了两者各自的特点，其中蕴含着深刻的见地。

"灵性是微细奥妙的"意为内在的灵性是不易被外界感知的、细微的。"灵性"包含我们内心深处的意识、思想、情感和超越物质层面的智慧。其特点是微细性，它难以被物质感官所捉摸。我们可以通过内省、静心、观照、内观、冥想等方法来深入感知、探索和体验其特质。灵性的奥妙之处在于，它难以被逻辑和感官所捕捉，因为它涉及生命的深层意义，是超越一般认知的存在。它存在于每个个体的内心深处，而且与宇宙的运行和本质相联系。

本性是永远通达的，"本性"是我们内在的本质，是我们最原始、最真实、最纯粹的根本。它是我们与生俱来的，不受外界环境的影响，不受社会期望和时间的限制。本性始终存在于我们的内心深处，它是通达的，因为它无须依赖外在因素而存在。它是我们与生俱来的永恒的内在本有，是无一法可得也无一法可失的本有。无论外界怎样变化，我们的本性始终不变。

　　"本性"是我们内在的本有特质，如智慧、良知、光明、纯粹等。我们可以通过深入心性的探索来深刻地认识和体验本性的存在。"灵性"和"本性"是我们内在的重要层面。"灵性"是我们探索内在奥秘的途径，让我们与超越物质的层面相联结；"本性"则是我们最真实的存在，是我们与生俱来的本有。

　　深入探索自己的灵性层面，意识到其中的微细奥妙，同时保持与本性的联系——这种内在的通达将引导我们展现出高维度的智慧和光明的本性。

第三十八节
致虚极，守静笃

能够致知，达到虚无之妙境，虚空而妙有；能诚心诚意地守静，达到止境。

这句话里蕴含着深远的意义，能指引我们从内在的认识发展到超越现象的觉醒。

"致知"不仅是对知识的追求，更是对真知和深刻洞察力的追求。这种追求不仅是对外在世界的探索，更是对自己内心、本性和宇宙真理的探索。"致知"是一种超越了表面知识的境界，要求我们深入探究事物的本质和真相，实现对事理与内在真实的理解。我们不仅要在理智层面实现理解，还要在心灵层面实现觉醒。这种超越言语和概念的直接体验让我们通过洞察看到事物的本质和真相。

这种直接的、纯粹的心灵的体验不受概念和语言的限制。

"达到虚无之妙境,虚空而妙有"是指进入了一种超越相对现象的境界。"虚无之妙境"是指超越一切执着和欲念、偏见和分别之心的空性,它使我们能够体验到一切事物背后的无限奥妙,超越相对性与对立,进入无我无执的境界,体验到一切事物的虚无本质。它也可以是一种内在的空寂、真实之妙境。

"虚空而妙有"的意思是虚空可以生化一切妙有。这就如同本自具足,能"无所得处,顿起妙用";又如同"心如工画师,能画诸世间""观察者即创造者",能于虚无中生出有,于觉知处逢生机。

"能诚心诚意地守静,达到止境"要求我们保持一种真诚的全心全意的态度,贯注地守护内心的宁静。这种止境中的静笃并非静止,而是一种充满内在活力和智慧的状态。所谓"止于至善宝地",是一种无垢、无我、无执的境界。

第三十九节
守住无见、无闻、无为、无欲的境界

"守住无见、无闻、无为、无欲的境界"是一种高度的精神修养,它能引导我们放下对外在世界的执着和定见,达到超越现象的相对性的无限宽广之境。

无见

我们常常被外在的形象或表象所迷惑,而忽略了事物背后的真实本质。"无见"是指超越对外在事物的看法和评价,超越对表象的执着,不受外在现象的影响。我们应学会不再以表象为主,而能够看到事物的本质和真相,理解和感受事物的真正含义。

无闻

很多时候,我们会受外界的评价和言论左右而失去内在的平静和清明。"无闻"是指超越外在言论之影响，超越自己已有的知识见地，从而避免以管窥天。

无为

"无为"是指超越对成就、功利的执着，不过度地追求；而不是指懒散、不积极、无所作为。"无为"之人不会因欲望而生出特定的追求，也没有交易、索取的心态与作为。"无为"让我们不再为了外在的成就、虚浮的名声而焦虑和努力，而能够在内在的平静中活动。这种活动更加自然和有效，有助于我们发展自己的潜力。

无欲

人们常常追求感官享受和物质财富，并因此失去内心的宁静和平和。"无欲"是指超越对感官享受和物质欲望的执着。如此，我们能够从内在寻找真正的喜乐，而不再依赖外在的刺激。超越对外在事物的执着和依赖，方能达到内在的自由和平静。正所谓"有所求，即有所囚；无求，则无囚"。

通过"守住无见、无闻、无为、无欲的境界",我们能够达到心灵的宁静,并最终脱离痛苦,获得升华和超越。

第四十节

本性就像一块未经雕琢的木头，纯朴无华

本性之中，淡而有味。淳厚的本性，就好像一块未经雕琢的木头一样朴实无华。

人的本性纯朴、淳厚。这种朴实之中蕴含着无限的可能。这纯真的自然本性，保持着原始的纯粹性与无限的潜能，好像一块木头，尚未被雕琢而朴实无华。

《易经》中说："形而上者谓之道，形而下者谓之器。"本性如道，其中潜藏着的作用无可限量。在它还没有发挥作用之前，它就好像一块尚未被做成各种器具的木头，只是如其本来地存在着。本性如同我们所说的"无所得处"，它可以"顿起妙用"。

"本性之中，淡而有味"指的是这种本性是纯朴的，它是一种内在的富足，看似淡然、平凡，却无比充实。

淳厚的本性，就好像一块未经雕琢的木头一样朴实无华。我们的本性可以被比作一块未经雕琢的木头，它是纯朴无华的，但蕴含无限的潜能和价值。我们可以通过生命的成长与历练发掘并展现我们内在的美德和智慧、价值和潜能。

第四十一节
心胸开阔，能够虚心接受一切，涵容万物

心胸开阔，就好像空旷的山谷，能够以平等无差别的心去接受一切，涵容万物。如此，便有大智若愚的美德。

"心胸开阔，就好像空旷的山谷"用"山谷"来象征一种无限宽广的心胸——能容纳万物，不对任何事物抱持偏见或成见。这种开阔的心胸来自对自我执着的超越，让我们能够以平静、包容的态度看待一切。

"能够以平等无差别的心去接受一切，涵容万物"，意味着不执着于自己的观点和立场，而能够接纳并理解他人的想法和情感。这种平等无差别地接受一切的态度，让我们处于没有分别之心的无我的高度，能够与他人和平相

处，并能以平和的心去接受一切存在。这种平等和包容的态度能够减少内心对外在世界的反应，从而降低焦虑，减少烦恼；还能够减少冲突和争执，创造一种和谐的氛围。本着这种不执着的心态，我们将不再试图去改变或操控事物。

"大智若愚的美德"让我们能够看清事物的本质，而不被表象所迷惑、困扰。这也体现了谦逊和谨慎的态度：不炫耀自己的智慧，更不因此而骄傲自满。

这种谦卑的态度让我们能够有智慧地看待一切事物。智慧不是用来展示给别人看的；因此，我们不应为自己的智慧感到骄傲，而应保持一种自以为愚笨的态度，就如婴儿一般纯真。

整体来说，"大智若愚"呈现了一种宽容、包容的态度。这种态度如同宽阔的山谷，能够容纳一切事物。我们应当以平等心、平常心、无分别之心有智慧地面对生活，保持谦虚、包容和冷静，创造和谐的人生。

第四十二节
圣贤之人的心态和境界

圣贤之人不会自以为圣贤，在动荡之中，还能除去心中的污浊，使自己慢慢地澄清。

这句话描述了一种高尚的内在品质，揭示了圣贤之人的心态和境界。

"圣贤之人不会自以为圣贤"，这表达了一种谦卑的态度、一种生命的常态，这只是一种平凡的日常态度与作为。圣贤之人不觉得自己有什么特别之处。

圣贤之人不以自己的成就为傲，也不将自己的地位凌驾于他人之上，而是以平等、平常和谦卑之心看待自己；不会自我吹嘘或骄傲，而是保持谦逊、平和。他明白个人的成就并不需要展示给别人看，而只是"诚于中，形于外"的自然流露，外在之言行只是内在的自然呈现。因此，他将个人的成就视为一种平凡的率性的自然。"圣贤之人"之名只代表外人的尊称与敬仰，而他不会自以为是圣贤之人。

"在动荡之中，还能除去心中的污浊，使自己慢慢地澄清"意为在面对外在的困难和动荡时，能够保持内心的平静和清澈。对自我执着的超越以及对一切变化的理解澄清了我们的心灵，使我们不会被外在的情况所困扰，能够在动荡中保持内心的平静。"动荡"代表生活中的变化和困难；"心中的污浊"则指的是我们面对动荡时内心生出的执着、情绪和杂念——它们将我们笼罩并影响着我们。

圣贤之人在面对外在的动荡时，"还能除去心中的污浊，使自己慢慢地澄清"，不会被内心生起的执着、情绪和杂念所左右，而能够保持心灵的清澈和平静。我们可以通过对自我执着的超越、静心与内观来破除虚幻不实的"动荡"，进而释心，释怀，释念，释然，让内心逐渐澄清。

第四十三节

安定自守，虚心知足

能在安定自守之中久久以待，使体内的清正之气发动，如此便是虚心知足的人，是不自满、不自傲的人。

"能在安定自守之中久久以待"中的"安定自守"意为保持内心安定的状态，不受外在波动和干扰的影响。这种内心安定的状态使我们能够"久久以待"，也就是耐心等待，不急不躁，以平和的心态面对一切变化和挑战。

"使体内的清正之气发动"中的"清正之气"是指我们内在的高尚品德和正能量。这种正能量可以来自心灵的平静，也可以来自正直、善良、慈悲的品质或清澈的感情。在内心安定的状态中，我们可以使体内的正能量得以发动，让它们在我们的思想和行为中得到表现。这种能量的发动是内在的自然流动，能够让我们在为人处世时更加平和与智慧。

我们可以通过静心和深刻的内心观察，让我们的心境更加清明和安定，让内在的清正能量得以发挥与流动。

"是虚心知足的人，是不自满、不自傲的人"中的"虚心知足"指的是持有谦逊和满足的态度，不将自己的成就或品德看得太高——"虚心"意味着对他人和世界保持开放，"知足"则表示不追求无止境的欲望。这样的态度让我们能够"不自满，不自傲"，不会因为一时的成功而骄傲自满，也不会因为外在的荣誉而自负。虚心的态度让我们更容易接受内在的清正能量，并使其在生活的方方面面中流动起来。

我们应保持内心安定的状态，使内在的正能量自然地流动；也应保有虚心知足的态度，而活出不自满、不自傲的谦逊状态。

第四十四节
见素抱朴，少私寡欲

心境淡泊恬适，心清意定。持守朴素纯洁，少私寡欲，回到纯真的本性。

"心境淡泊恬适"表达了一种不执着于外物的内心状态。我们应看淡外在一切生不带来、死不带去物质与虚名，并应不执着于意识层面的知见。如此，我们的内心便较少有波动，而我们能维持一种愉悦和平静的心态。

"心清意定"表示内心不被杂念、烦恼与情绪所干扰的状态。我们应做到清净无杂念，保持清明的状态，专注于当下，意不散乱。

"持守朴素纯洁，少私寡欲"告诉我们应远离虚荣和浮华，保持纯朴和纯真的本性，减少无益的妄想和欲望，避免被物质和情感所左右。

这种态度需要我们不断地观察自己的内心，调整自己的思想和行为。我们需要保持内心的朴素纯洁，有节制，并践行这种生活态度，提升内在修养。

"回到纯真的本性"表示我们在生命不断成长、趋于完善的过程中能逐渐去除各种杂念和烦恼，使我们的内心回到最初的纯真状态。这不仅是消除杂思、妄念、执着与烦恼的过程，更是重建内心与本性间联结的过程。我们通过持续的自我观察、静心和觉悟，能够逐渐回归我们最纯正、纯真的本性。

第四十五节
超越尘世凡俗的束缚,保持心灵的自在和宽广

像这种不沾染世俗的样子,又好像无所归的游子一般。

"不沾染世俗"不意味着我们要完全远离现实世界,而是指我们在处理事务和面对挑战时能够以超然的态度去面对生活中的种种变化,保持和固守自我而不被世俗所污染,不为一时的得失而动摇,能够保持内心的纯净。我们应不再被情绪、欲望或外在所左右,而能以平和的心境去应对一切。

"好像无所归的游子"则象征着我们超越了对名声、地位和财富的执着,不再被这些束缚所困。游子不受地点

或角色的束缚，可以自由地游走于各处。他的归宿是天地自然，而不是特定的场所。他在内心找到了真正的归属，因而不再受外在环境和条件的左右。我们如不再依附于表面的身份认同，不再受到社会角色的限制，那么便能超越自我的界限，随遇而安，脱离世俗的纠缠，感受到更深层次的存在。

"像这种不沾染世俗的样子，又好像无所归的游子一般"描绘了一种超越尘世凡俗之束缚的境界——超越自我，觉知无常，明白无我，放下对世俗的执着，以超然的心境去面对一切。在这个境界中，我们仿佛游子，自由自在地游走于世界之间，不受任何限制条件的束缚，保持着心灵的自在和宽广。

第四十六节

有宽广、自由且不为执着所困的心境

心,恬淡宁静,就好像大海一样深阔广大,又像风一样飘荡自在,不执着于一定的住所。

"心,恬淡宁静,就好像大海一样深阔广大"表达了一种内心的宽广和安详——这句话比喻心如大海一般广阔无垠,有着无限的容纳力:能够从容接纳一切事物而无论其好坏善恶,也能够包容各种情感和经验。内心的恬淡宁静类似于大海深处的宁静、静谧。我们能够不因外界的纷扰而动摇,始终保持内心的平静与宁静。这种心境广阔无限,使我们能够超越狭隘的执着和偏见,以平和的心态对待一切事物。

"像风一样飘荡自在,不执着于一定的住所"表达了心境的自在与流动性。我们应像风一样无拘无束,自由地飘荡于天地之间,不受任何限制,不被固定的观念和执着所限制,自在地游走于各种情境之中,不执着于特定的情感、想法或状态。这种不执着的心态使我们能够更灵活地应对变化,更客观地看待事物,减少冲突和烦恼,保持内心的平衡、轻松、宁静、自由。

这句话描绘了一种宽广、自由且不为执着所困的心态,并将之类比于大海的广阔和风的自由。我们可以培养内在的平和与宁静,减少心境的波动,让心灵变得更加恬淡。同时,我们需要学会放下执着和偏见,释放对特定事物的执念,使心能够自由地飞扬,不受束缚。

第四十七节
万物最终都要回归生命的根源

万物是千姿百态的，但是最后都要回归生命的根源。这句话揭示了宇宙万物的本质和归宿，强调了万事万物有着共同的起源并都将归于生命的根本，提醒我们去探索更深层次的真理，超越表面的现象，寻找所有事物之间的联系和它们的共同核心。

"万物是千姿百态的"，这表达了宇宙中存在着各种各样的事物和现象。

这个宇宙是多元而丰富的，不计其数的生命在其中展现出无限的多样性。尽管如此，但万物有着共同的来源和根基。

"但是最后都要回归生命的根源"表示无论生命的形

式多么不同,它们都来自同一个根源,并将最终回归这个根源。这里的"生命的根源"可以被理解为宇宙的本源、原始能量。

这个观点提醒我们,尽管事物从表面上来看是分离的,但它们实际上共享着相同的生命能量。这种观点有助于我们超越片面的分别之心,更深刻地理解宇宙的统一性。

无论是人类、动植物,还是无生命的自然界元素,都是宇宙的一部分,都有着相同的根源。这种观点能够帮助我们建立对生命和宇宙的更广阔的视野,促使我们更加关注和尊重所有存在,从而达到更深层次的和谐与平衡。

这个观点的深意蕴含在生活的方方面面中。比如,一颗受精卵能够分化成各种器官、组织——它们各不相同,却是一体的,且都源自最初的那颗受精卵。

这个观点中包含一些哲理:

1. 虽然宇宙中存在着极其丰富的生命形式和现象,但它们都来自同一个起源。这个起源可以被理解为一种根本的能量或意识，它是所有事物的共同根基。

2. 尽管事物的形式各异，但它们最终都会回到相同的终点。这可以被视为一个返璞归真的过程——回到那个纯粹的、无分别的状态，回到生命的根源。

3. 我们每个人都和万事万物有着内在的联结。尽管我们的外在各不相同，但我们的灵魂或本质是相通的，且都来自同一源头。我们应意识到自己与宇宙的紧密联系。

这些哲理有助于我们超越个人的小我观念，培养一种更宽广的视角。我们应当更加尊重和爱护每一种形式的生命，因为我们可能都来自同一根源。

第四十八节
静就是回归自己真我的生命

回归自己生命的根源,就叫作静;静就是回归自己真我的本性。

这句话揭示了"静"的深层意义,强调了通过回归生命的根源来实现真正的静;它提醒我们寻找内在的寂静,并不断回归内在的寂静,觉知生命的共同根源。我们可以通过回归生命的根源来找回内在的宁静、和谐与真实真正的本我。

生命的根源

万物的存在都源于一个共同的生命根源,这个根源是无分别的、纯净的,是一切事物的始源和归宿。生命的根源是所有事物的共通基石,它无分别、无分界,包容万物。万物回归生命的根源意味着所有事物都源自同一根本。这种认知可以让我们超越偏见和执着，体验到生命的共通性。

回归静的本质

"静"不单纯是指沉默，也不仅是外在的宁静，而是一种超越言语和思想的内在寂静，是内在的平和、安宁与回归，是一种"空寂本无"之境界。通过回归生命的根源，我们超越了外在的干扰和内在的纷扰。如果我们深入地静心、观照与内观，超越繁杂的表面现象，我们就能够回归自己内在的根本，即我们真正的本性。

真我生命

"静"意味着回归真正的本我，超越假我和对表象的执着。在这个状态下，我们能够感受到生命的纯粹性和真正的本源。

超越分别

静是超越对立、执着的状态，是无分别心的纯净的意识状态。这种状态逐渐消融了心灵的界限，使心灵重回生命的根源。在这种状态下，我们可以体验到真正的静，超越一切表面的分别、变化和嘈杂。这种静不仅是外在的安宁，更是内在的寂静，是心灵与生命根源相连的状态，是真正的平静与和谐。

超越变动

生命中的变动是无常的，而"静"正是超越这些变动后所达到的境界。通过回归生命的根源，我们超越了对一切分别、变化的执着，意识到生命的根本，不受表面的波动所影响。这种超越变动的能力带来了真正的平静。

在生活中，我们经常被角色、身份、执念所困扰，而真正的静来自回归我们本性的真我。当我们不再为了追求外在的形式而分心，而能专注于内在的本质时，我们就可以达到静的境界了。

第四十九节
回归真我的生命，才是真正的长生

回归真我的生命，才是真正的长生。我们应当明白什么是"假我"，什么是"真我"。此言揭示了内在真我和假我之间的对比，告诉我们应通过回归真我来实现真正的长生。

"回归真我的生命，才是真正的长生"中的"真正的长生"不是指肉身生命的延续，而是指超越了生死的认知局限性和相对性。实现这种"长生"的关键在于回归本我、真我。活出生命的本质才是真"生"，否则我们就不曾真正"生"过。只有实现"回归内在真我"，我们才能超越时空和变化而存在，达到不被生死所困的境界。

"明白什么是'假我'，什么是'真我'"中的"假我"指的是我们在社会角色、身份等方面所建构的虚幻自我。这个假我往往受到外界评价和期望的影响，它具有相对性，容易让我们迷失在角色的表象之中。"真我"则是我们内在的本质，它摆脱了身份和角色的束缚，不受外界变化和评价的影响，因此是不生不灭、不增不减、不垢不净、不来不去的。

  我们要辨识出假我的幻象，放下假我的执着、束缚，寻找内在的真我并与之相联结，从而超越生与死的相对性，达到真正的长生，实现真正的成长和进步。

第二章

行不言之教，处无为之事

第五十节

能容受一切，无所不包，心胸开朗，大公无私

"能容受一切"意味着我们要拥抱生活中的一切，包括喜悦和痛苦、成功和失败、爱与失落。能容受一切不是对一切漠不关心，而是能接纳事物的本质，不论它们是正向还是负向的。我们应具备宽容的品质，能够接纳并容忍各种情感、经历和观点，能以平静的心态面对一切。

"无所不包"是说我们的心胸要开阔如大海，能够包容一切生命。每一个人，无论其阶级、种族、信仰，都能在我们的心中找到一席之地。这种包容不仅仅意味着对他人的理解和接纳，也意味着对自己内心各种情绪和想法的接受。无所不包的心态能够打破偏见和成见，让我们更深

入地理解他人的处境和需求。这种包容的心态能够使我们不被情绪困扰,保持内在的平静。

"心胸开朗"指的是内心开阔和宽广,不受狭隘的情感和偏见所扰。一个心胸开朗的人能够看到事物的多种层面,远离狭隘的批判和固执,不受僵化的观点束缚,能够以轻松自在的态度面对人生。这样的心胸能够让我们在人际关系中保持愉悦和融洽。

"大公无私"是一种超越自我的态度。这样的人能够摒弃个人私利,以集体利益为重,将众人的需求和利益放在自己之上。这种心态使我们能够超越个人的小我,关心众人的需求和福祉,促进社会的和谐共融。

第五十一节
至公无私,顺天行事

至公无私,将挽救苍生视为己任,顺天行事,合乎真常之道。

"至公无私"表达的是一种超越个人私利和偏见的态度。以至公无私的态度来看待事物,就会将集体利益、众人的需求和福祉放在首位。这会让我们在面对集体与众人时,超越小情小爱与自我的私心,不受自身偏见的束缚和利益的牵引,遵循公平、公正、无私的原则,以众人幸福为重,追求最大程度的公平和公正。

"将挽救苍生视为己任"体现了深厚的悲悯心和责任心,这要求我们关心众人的苦难和需求,并以实际行动帮助他们离苦得乐。世界上有物质与肉体方面的苦,也有精神与心灵方面的苦，所以我们可以从不同的方面提供帮助。

"顺天行事"表达了在做任何事情时，都要遵循自然界的运行法则。这就是所谓的"顺天心，合天意"，其中蕴含了与大自然和谐共处的智慧。以自然法则为导向让我们能够更加顺畅地行事，而不会受到过多的抵抗和阻碍；而且不论遇到顺或不顺之气象，都能随缘而为，抓住契机。

"合乎真常之道"意味着我们的作为要合乎恒长之真理法则和道德原则，我们的行动和决策应该符合"道"的本质。这不仅是外在的行为准则，更是内心的体悟和本真。

要实践"至公无私，将挽救苍生视为己任，顺天行事，合乎真常之道"这一理念，就需要去私欲，超越小我，有慈悲心，内心清明，明理通达，认识生命的意义与价值，有服务、付出、奉献之精神，以更多人的利益为依归，以更宽广的视野去看待世界，有共融共生的人生智慧，遵循道德准则，不断提升生命素养。

第五十二节
追求内在的长久幸福

心如大道,无所不包,得众人归从;于太平安乐中,不贪求享受,因为享受如做客;追求内在的长久幸福。

心如果能像大道一样无所不包的话,这个人就能得到众人的归从。在太平安乐之中,我们不能一味贪求享受,因为享受就像做客一般,是短暂不长久的。

"心如大道,无所不包"将心比作大道,表达了一种开放和包容的心态。就像大道能够包容万物一样,心也能包容一切。这是一颗无私、无我、无偏见的心,能够公平、公正地接纳一切事物和生命。

"得众人归从"之人具有无限的魅力。他的言行中不带有私心和偏见,因此,他能够影响和感召他人,获得他人的尊重和追随。这样的人展现了内在的智慧和善良。其领袖风范并非源于虚伪的控制，而是源自内心的真诚和正直；因此，他能赢得他人的尊敬，并成为他人愿意跟随的榜样。

"于太平安乐中，不贪求享受"中的"太平安乐"并非指外在环境的安宁，而是指内心的宁静和平和。在这种境界中，我们不再为了追求外在的物质享受而不断奔波，不再追求虚荣与享乐；我们明白外在的享受是短暂的，不能带来长久的幸福，因此能够不被物质追求所左右，而更专注于内心的宁静和精神的成长。这种态度并不意味着对物质生活的否定，而是意味着不再贪慕虚荣，明白物质享受是短暂和有限的。

"享受如做客"以比喻指出了享受的临时性和短暂性。做客时，我们只是短暂地停留，不会永久居住。类似地，人生中的物质享受也是暂时的，无法带来持久的满足；也可以说，"享受"就像客人，暂时来到我们生命中，但不可能永久存在。对于那些转瞬即逝的快乐，我们不应执着；我们应当专注于更深层的内在实践和修养。

"追求内在的长久幸福"表达了重视内在的精神世界，超越对外在物质的贪求。我们所寻求的是内心的平静和内在修养与精神的成长，这样便能获得一种更持久和充实的幸福。

第五十三节
回归道的本体，才能运用万物

由多归一，由一而归于无，无才是道的本体；回归道的本体，才能运用万物。

在宇宙的多变性和多样性中，一切最终都能归结为一个无限、无形的本体，即道。

"由多归一"指的是，这个世界充满了多样性，有各种各样的个体、事物、现象，它们各自有着不同的形式、特性和功能；然而所有事物，无论多么复杂，都源于一个共同的本质、本体。这种本体能够让一切事物超越形式和多样性，并最终归结为一个统一体。

"由一而归于无"指的是，在探求万物的起源和本质时，我们会发现一切最终都能追溯到无限、无形的状态并归结为无限、无形的本体,也就是道。无的存在是无界限、无限制、无条件的,它不受限于时间、空间。在无的境界中,所有的分别和界限都消失了。

"无才是道的本体"是说,道是一种超越言语和概念的存在,它是万物的根源与本质,是一切存在的原点。无是道的本质、本体,它是无限、无垠、无所不在的,它超越了一切有限的形式、形象或概念。道无处不在,无时不存,超越一切。

"回归道的本体,才能运用万物"——当我们认识到道是一切的本源时,我们就能够放下对于表象和差异的执着,以无为的心态去处理事物,以无私的态度来对待万物,不受表象和差异的影响。我们只有明白了万物的多样性都来自同一根源,才能不再执着,回归道的本体,进而更有效地运用万物。

在多样的现象中,我们应该保持对道的本体之认识,超越表象、界限和定见,了解一切事物的共通性。这种领悟帮助我们超越自我的界限，以更高维度的视角看待世界，以无私的心态来与万物相处，达到真正的和谐和平衡；并且在处世方面更符合道之自然法则，能更有效地运用我们的智慧和能力。

为了便于理解，我们举一些"由多归一，由一而归于无"的例子：

1. 水的循环

来自大海的水蒸发成水蒸气，上升到天空中，在高处冷凝成水滴，聚集成云，最终降落为雨。而雨滴会渗入地下或落入河流湖泊，再流回大海。

这个过程展现了水从多处汇聚成一，然后又由一分散成无。

2. 树木的生长

一颗小小的种子努力从土壤中吸收养分，然后生根发芽，破土而出，通过光合作用茁壮成长，逐渐变成一棵高大的树木。而树木的叶子会落下，归还给土壤，为新的种子提供养分……如此不断循环。

3. 人类社会的合作

在人类社会中，不同的个体有不同的特长和能力。然而，这些个体都可以在共同的目标下合作，形成一个有机的整体。例如，一个团队中的不同成员可能擅长不同的技能，但他们通过协作可以实现更大的目标，形成一种由多归一的状态。

4. 人的内心成长

在个人的内心成长过程中，我们可能会经历多元的、杂乱的思想和情绪，然后走向内心的宁静。通过静心、内观等练习，我们能够超越思维的多样性，回归内在的寂静，最终达到一种由一而归于无的心境。

第五十四节
以平等的心看待自己和他人

不要将自己看成宝玉一样尊贵,不要将他人看成石头一样低贱,因为这样就失去了道的根本。

我们不要自我膨胀或陷入贬低他人的极端心态,因为这样的心态会使我们偏离道的本质。

将自己看成极其尊贵的宝玉,意味着自视过高。这种心态容易导致骄傲和自负,使我们无法真正谦逊,无法真正感受到身边的人和事。

而将他人看成极其低贱的石头,意味着对他人的轻视和忽视。这种心态可能导致傲慢和冷漠,使我们对他人的价值和尊严漠不关心,而无法真正理解他人。

宝玉和石头代表着极端的尊贵和低贱,而我们要超越对自我和他人的极端评价，认识到所有生命都有其独特价值，做到不给别人"贴标签"。

当过分看重自己或轻视他人时，我们就偏离了道的真正意义与本质。

道的根本在于超越对立，因此因此我们应该以平等的心看待自己和他人。每个人都有其独特的价值，所以我们应尊重一切生命，平等看待万物并与之和谐共处。这样的态度有助于我们回归道的根本。

当我们觉知到本性的真实时，我们就会了解自我和他人的价值并不取决于表面的形式和地位，而是来自我们共同的本质；并且明白世界上一切事物的本源都是同一的，都是宇宙的一部分，它们共同绽放着生命的光芒。

在道中，自我与他者没有等级之分，彼此是平等的。我们应等地对待自我和他者，不被虚荣心、傲慢、偏见所左右，关注内在的本质。这样我们才能更好地理解和体验道的真谛，贴近道的根本。

第五十五节
仁慈的人,没有分别之心

仁慈的人,视万物为一体,观天地为一身,没有分别之心,因此能够忘物,忘我,浑然地无为而为。

视万物为一体

仁慈的人不将自己与外界的万物划分为不同的实体,不将自己与个体事物分开,而是超越了传统的界限,能够认识到一切都处在相互联系的网络中,彼此相依。他明白每个生命都有其价值和意义,无论大小,它们都值得被尊重和关怀。这种视野有助于我们更好地理解世界的运行。

观天地为一身

仁慈的人超越了个体的局限,将自己的身心与大自然联结在一起,将自己的视野扩展到整个天地间,认识到自己与大自然、宇宙的紧密联系，感受到一种共生共存的关系。这种联结让他感受到宇宙的奥秘，从而更加尊重与珍惜每个生命的价值，也更能体会到一种更高层次的存在感。

没有分别之心

仁慈的人没有优越感，并且消解了种种偏见、成见和执念；他没有分别之心，而能够以平等的心对待一切；他不执着于表面的差异，不会将事物区分为尊或卑、善或恶、高或下。他会通过寻求共同点和共鸣来理解他人并与之建立更深层的联结。

忘物，忘我

仁慈的人不会过度关注自己的私利，不寻求个人的荣誉或利益，也不会被物质所迷惑。他忘却了自我的执着，将精力放在服务和帮助他人以及维持集体利益上，而不在意个人的成就与利益。

浑然地无为而为

在这种无分别、无私的心态下，仁慈的人的行动是自然而为的,他不需要刻意去寻找自己要做什么。他能够以一种无为的态度去行动,这种无为而为的境界让他的行动更自然、更有意义,并且能够更好地影响和启发他人。他能够将自己融入大道之中,发挥出最自然、最有益的影响。

第五十六节
有之以为利,无之以为用

有形的东西是方便人们用的,无形的空间是让人们活动的。天与地之间是中空的,所以能让万物来去无阻,通行无碍。

想象宇宙万物在一个庞大的容器中运动,而这个容器就是无形的空间。这个空间不是虚无的、不存在的,其中包含着一切潜能。只有在这个无形的空间中,有形的事物才能存在与运动。宇宙中的有形物质存在于无形的空间之中,并因为这个无形的空间得以运动、变化和存在。

这个空间就像是一个舞台,而有形的道具和角色在这个舞台上才能展现出来;它又像是一个房间,其中的墙壁、家具、物品等都是有形的东西,它们存在于房间的空间之中。

"无形的空间"也可以被理解为心灵空间。它是开放的、不受限制的。在宇宙的空间中，万物可以来来往往，自由地运动；在内心的空间中，心灵也能够自由地活动，不会被固有的见解和执念所束缚。想法、情绪都能够在内心的空间中自由流动。这种观点启发我们要保持一种开放的心态。

从另一个角度来看，有形和无形之间的关系并不一定是对立的，也可以是互相支持、相互依存的。无形的空间和中空是所有有形存在的基础，可以容纳一切，而不偏袒任何一个事物。这提醒我们应该全面发展自己，不能只专注于某一方面，这样才能充分发挥自身的潜能。同样地，我们也应该尊重每个人的多样性和独特性，让每个人都能够在这种无形的空间中自由发展。

第五十七节

眼有虚灵而能视，意有虚魂而能思，心有虚窍而能应

"眼有虚灵而能视"中的"虚灵"代表着高水平的对世界的感知力，以及观察事物的细微之处的洞察力。"虚灵"能够超越物质表象，洞察事物背后的真实性质。这种深刻的洞察力是对万象本质的直觉式认知，它让我们能够透过现象，理解事物间的内在联结。

"意有虚魂而能思"中的"虚魂"代表了思考能力，它强调了思维的灵活性和深度。思考不能仅仅停留在事情的表面，还要有深层的分析、探索和理解。这种深层的思考能力使我们能够理解事物的本质，找到解决问题的方案，进一步做出创新和发展。

从另一种维度来看，"虚魂"代表了深刻而纯净的思维，即无我无执的思维。它可以超越个人意识，不受执念、情感和偏见的干扰。它能帮助我们超越自我，并且使我们清净如虚，远离杂念，以纯净的意识探索真理，进而超越思考的界限，达到心灵的宁静与自由。

"心有虚窍而能应"中的"虚窍"表示心灵的敏感度和反应能力。这种敏感度和反应能力不仅仅是对外部刺激的，更是对内在和外在变化的。"心有虚窍"是指心灵开放灵活，能够随机应变。这让我们能够灵活应对不同的情境，适应变化不定的自然，感知自然的脉动，保持灵活的应对能力，不执着于固定的见解，并以无为的态度应对生活中的种种挑战。

这句话描述了人的感知、思考和反应这三个层面，它们对应着"虚灵"、"虚魂"和"虚窍"。通过"虚灵"的感知、"虚魂"的思考和"虚窍"的反应，我们能够更全面地理解事物，更深入地思考，更灵活地应对不同的情境，并且能够以超越物质层面的视野看待世界，以纯净的思维洞察真理，以开放的心境与自然融合，达成一种身、心、灵的整合和协调。

第五十八节
事物往往具有多面性和相对性

表面上看来是受损的,实际上是得益的;表面上看来是得益的,实际上是受损的。

这句话告诉我们,不要只看到事物的表面,而是要保持开放的心态,深入了解事物的本质和多重层面,超越二元对立的观念。事物往往具有多面性和相对性,所以我们不能仅仅看到事物的一面,而要以更全面和深入的方式去理解事物并做评价。

有时候,我们对事物的评价可能会受限于外观或表象,而未必能完全反映事物的本质和价值。

有时看似令人受损的事物可能会在某种层面上让我们获得宝贵的体验、历练或洞见,因此它本质上是让我们获益的。同样地，表面上令人获益的事物也可能掩藏了某些隐患或副作用，因此它实际上是让我们受损的。

下面举例进行说明：

1. 失败与成长

在生活中，所谓的失败可能会成为我们学习和成长的机会。尽管我们表面上看似受损，但实际上可能在失败中学到了宝贵的教训，从而有可能在未来取得更大的成功。

2. 快乐与牺牲

有时候，我们可能需要牺牲某些快乐或舒适来追求更高尚的目标。虽然从表面来看我们可能失去了某种快乐，但实际上我们可能从牺牲中获得了更高层次的满足和人生意义。

3. 短期利益与长期利益

在投资领域中，短期的亏损有时会为长期的稳健增长打下基础。尽管眼下我们可能是受损的，但从长远来看，我们实际上可能是得益的。

第五十九节
行不言之教，处无为之事

行不言之教，淳朴无为，处无为之事；使人不知不觉地自化，受恩赐而不知圣贤之人的存在。

"行不言之教"表达了言教之外还有身教与境教，启发我们应通过实际的行动、真正的实践，以及对环境的运作、铺排、利用等来引导、教化他人。

"淳朴无为"一方面是指内心保持纯真、真诚、真挚、无华，另一方面是指不为功利而行，不追求个人之虚荣和利益。这是德行的体现，是无私无我的态度的体现。自然而无为的原则强调的是不强迫，不操控，让事物自然发展，而能符合正道。这样才能超越个人欲望和执念，超越自我，达成内外一致，进而影响他人走向淳朴与无为。

"淳朴无为"呼应了"无我"的观念,意味着放下执念,净化心灵。

"处无为之事"体现了一种自然和谐的处世哲学。"无为"不是不做事,而是以平和、顺其自然的心态处理事务,不为功利或个人欲求而行。这样的行为方式能够自然而然地影响他人,使其顺应自然,不强求,尊重事物的自然发展规律。这种无为的心态和处事方式不仅能够使个体达到心灵的平静,更有助于营造和谐的社会。

"使人不知不觉地自化,受恩赐而不知圣贤之人的存在"强调了应以实际行动和无为的原则来影响他人,使其自然地选择正确的方向,同时保持自然、淳朴和平和的态度。这也指出,在"行不言之教"的过程中我们不应追求虚名和自我彰显,而应默默地为他人着想,以实际行动服务社会。这种无为的引导,既让人们得到了帮助,又维护了他们的自由和尊严,能够使他们在无意中得到益处,而不知道有人在运作这一切。

第六十节
以德教化世人，亲近世人

以德教化世人，亲近世人。一切都是那么自然而然，好像空气一样，不会去强调与突显什么。

"以德教化世人"意味着以自己的优良品德和行为为示范，去影响他人。这种教化不是空洞的言教，而是通过实际的作为引导他人走向正道。我们应让自己的言行合情合理，合乎正道与真理，并且通过实际行动将真理传达出来。这种做法源自明体达用、知行合一的生命品质，可以让人们找到崇高的榜样，受到启发，走向正道。

"亲近世人"是与人为善的一个关键。这种亲近建立在关怀、善意、尊重、共情、理解的基础上。我们应理解人们的需求和困境，并以谦逊和善意来回应。这种亲近不仅有助于信任的建立，还能在情感上拉近与他人的距离，给他人带去更积极、更深远的影响。

"一切都是那么自然而然，好像空气一样，不会去强调与突显什么"的意思是，影响力的展现是自然而然的，不需要刻意强调或突显；就像空气一样，无声无息地存在于我们周围，虽然是无声的、温和的，却给予我们生命。我们应将德行融入日常生活中，而我们的心灵也将在不知不觉中得到滋养。

这种自然的影响力源自内心的真诚和善意，同时展现了内在的高尚品质。我们应当通过实际行动将这种影响力发挥出来，并做到持之以恒，自然而然地影响周遭的人，让他们不自觉地受到启发和引导。

这段话体现了一种谦逊而有力的领导方式，指导我们自然而然地引导他人一心向善，行正道，和谐、平和地促进社会的进步和发展。

第六十一节
摒除智巧的心机,顺其自然

摒除智巧的心机,顺其自然,断绝奸巧的心思,没有分别计较的忧愁。

"摒除智巧的心机,顺其自然"提醒我们不要过度计算与计较,不要刻意追求巧妙的策略或处理方式,也不必随时追求智慧的外在表现。但这并不是要否定智慧的价值,而是主张摘下虚伪的面具,不以心机为主导。智慧的运用是重要的,一旦心机和计较变成了主导,人们就容易陷入无谓的纠结和焦虑。

我们在处理事情时,要更多地依循事情的自然规律,从而能更不费力地达到最佳结果,让生活自然地流转。就如同大自然的运行一样,万物皆随着自己的本性而运转,这种自然而然的模式带来了深度的和谐。

"断绝奸巧的心思,没有分别计较的忧愁"强调应断绝虚伪和狡诈的心态,不再被杂念和烦忧所困,不让情感的波动主宰我们的内心,从而达到无忧无虑的境界。

奸巧的心思往往伴随着分别和计较,会导致内心的不安。如果我们能够放下这些心思,不在虚妄的纠结中徘徊,断绝心里的复杂纷扰,那么我们便能够平复情绪的波动,获得内心的平静和自在。

这种心态让人在处事和与人相处中更加平和、坦然,远离矫揉造作和心灵的困扰,从而实现内心的宁静和深度的和谐。这不仅能够帮助我们更好地面对生活,还能够带来更深层次的平和与喜悦。

第六十二节
放下对虚荣和外在认可的执念

仗势逞强的行为是不合乎正道的！既然知道不合乎正道，就要赶快停止好强、好胜、好战之心了。

过度彰显自己的强势并不是一种符合正道的做法。正道强调平衡、和谐和自然；而逞强则可能导致冲突、矛盾和不必要的竞争。

逞强的行为往往表现为过分强调自己的优越性、能力或地位，或以蔑视、挑衅的态度对待他人。这种态度与行为往往会带来许多烦恼、矛盾与冲突。

在人生路上，我们不需要通过逞强来证明自己的价值。我们应放下对虚荣和外在认可的执念，转而寻求内在的安宁和自信，认识到真正的力量来自内心的安定而不是外在的强大表象。

既然知道不合乎正道，就要赶快停止好强、好胜、好战之心了。这句话告诉我们，逞强的行为是与正道相悖的，因此我们应该在发现自己有这种倾向时努力做出改变，摒弃逞强、好胜、好战的心态，学会谦虚、包容和平和地与他人相处。

学会"放下"，我们就可以更接近正道，实现内心的平静与和谐。这要求我们持续地观察和反省，不断成长，达到更高的境界。

第六十三节
言语和态度是对内心真实状态的反映

只是一句话的应声回答,良善与恶意就很会明白地表露出来。

人的言语和态度是对内心真实状态的反映。

良善的内心会引导人们用温暖、正面和充满爱的方式与他人互动,使言语和态度自然而然地传达出尊重、理解和支持。

而恶毒的内心可能导致人们用冷漠、蔑视的态度嘲笑或挖苦他人。当我们的内心被恶意占据时,我们可能会无意识地把负面的情感投射到言语和态度中,既伤害了他人,也损害了自己的内在平衡。

我们可以通过深入自省、反思自己的情感和行为来培养内心的正直与良善，逐渐洗净内心的污秽，积累正能量，让良善的光芒自然地散发出来。

第六十四节

我们要重视内在修养，将内心视为一片宝地

如不修心德，心田宝地就会像荒废的田地，任凭愤恨和贪欲的杂草到处丛生。

"心田宝地"就是指我们的心灵、内心世界，是一片充满潜力和可能性的领域。这个宝地，就像一块肥沃的土地，可以培育出美丽的花朵和丰富的果实。而"不修心德"就如同将良田荒废，不去耕耘和管理。于是杂草就会自由生长，掩盖了这片土地的本来面貌。"荒废"代表忽视内在的修养，没有在内心种下健康、正面的种子。

"任凭愤恨和贪欲的杂草到处丛生"中将"愤恨和贪欲"比作田地中的杂草，它们占据了本来纯净的内在空

间。如果我们不去清除这些"杂草",那么它们将会不断地滋生,影响我们的思想和行为,阻碍正面价值观和情感的培养。

这句话提醒我们要重视内在修养,将内心视为一片宝地,努力耕耘这片内心的田地,种下善良、宽容和智慧的种子,并清除那些愤恨和贪欲的杂草。

如此,我们内心的宝地里才能繁花盛开,我们才能达到内外和谐的境界,并在生活中绽放出更多的善良和美好,散发正面的能量,进一步影响周围的人和环境。

第六十五节
一心以道为重，视万物为一体

"一心以道为重"强调了在生活中应以证悟大道、真理为重，把道作为生活的指南，专注于追求道。"道"在这里代表着真理、自然的法则，以及人的内在本性。一个人一心以道为重，就意味着他把道视为指引，并将道作为他的行为和选择的准则。

"视万物为一体"表达了一种超越个体和表面差异的世界观。当我们将"万物"看作一体时，我们能够超越表面的界限，看到万物的共通性和联结，意识到所有事物都存在于同一个宏观的相互联系的网络中。"天人合一"及"道法自然"表达了人与自然、万物之间的和谐关系。当我们以道为重并意识到万物都是生命的不同表现形式时，我们便能超越表面的差异，感受到内在的一体性。

这种观点能够帮助我们关注整体的平衡与和谐，培养出一种关爱万物、珍视环境、和谐共存的意识，避免分隔与排斥，提升包容度和共情能力。

如此，我们便能够超越自我和分别之心，与他人和谐相处，追求集体利益。

第六十六节
不要过度追求外在事物

贪求外在事物的人,他的内心是最迷惑的。戒贪吃。

贪求外在事物的人往往将自己的幸福和满足感建立在物质之上,但这种依赖是脆弱的,因为外在事物具有多变性和不确定性。当我们过度追求这些外在的事物时,我们往往会陷入一种无休止的欲望追逐中,容易产生情绪波动,变得焦虑不安,感到迷惑。

当我们无法获得所渴望的物质时,我们可能会产生挫败感和不满足感;而这种追逐外在事物的心态也可能让我们失去内心的联结。因此,我们要克服这种追逐外在事物的心态,意识到外在事物是短暂易变的,也觉察到欲望的产生和消散,从而降低对外在事物的依赖。

戒贪吃便是我们应该做到的。饮食是我们生活中的必需，但过度追求美食、过量进食可能会危害身体健康，也会影响我们对食物的真正体验。有节制地饮食，不仅是为了身体的健康，更是为了保持内心的清明与平静。

放下对外在事物的过度执着，因为内在的平静才是真正持久和稳定的。我们需要学会适度、有节制地追求外在事物，这不仅有利于身体健康，更有利于内心的平静与和谐。

第六十七节
说话的时候纯粹是自然本性的流露

说话的时候纯粹是自然本性的流露,让人心服口服,所以也就没有缺点让人责备。

"纯粹是自然本性的流露"强调说话时应表达内在的本性,而不能以伪装或计较为目的。说话者应以真实和纯粹的心灵状态去表达自己,而不被社会角色、面子、虚名等因素所左右。这种自然流露的说话方式显示了说话者的内在充满善意、诚实和单纯;而这样的品质能够深深触动听众的心灵,使他们更容易产生信任和共鸣,而不会产生猜疑或防备之心。人们更容易相信和接受这样的话语,因为它们是发自内心深处的真实,而非外在的虚伪表象。

"让人心服口服"意味着说话者的言辞和态度能够打

动人心，使听众心甘情愿地接受他所传达的信息。他说话的内容和方式能够使人心悦诚服，使听众既可以持有不同的观点或意见，又能理解和产生共识。说话者的纯真和真诚感染了听众，让他们感受到一种共鸣，因而听众更倾向于接受和认同他所表达的内容。这种共识和共鸣能够建立起真正的沟通和联结，从而提升人与人之间的信任和和谐。

"没有缺点让人责备"意味着说话者的纯真和真诚能够避免引起人们的批评或指责。因为说话者不虚伪，没有隐藏的动机，所以他的言论不会引起猜忌或怀疑。这种说话方式带来了一种自然的流畅感，使听者更容易接受并能感受到言语的真实性。

第六十八节
尊重所有的人，所以也得别人的尊重

心口一致，言语谦虚，尊重所有的人，所以也得别人的尊重。

心口一致，言语谦虚

当我们内心的想法与我们口中的话语一致时，我们传达的信息更加真实和可信。也就是说，我们不应伪装，而应不虚伪地对待他人。以谦虚的态度说话能够显示出我们的谦卑和尊重。

尊重所有的人

尊重是建立良好人际关系的基石。尊重他人的意见、感受和观点，保持谦卑的态度，聆听其观点，并表达对其意见的尊重，这会为彼此间的理解和信任铺平道路，并且能够显示出我们珍视他作为个体的价值。尊重并不意味着我们必须同意他人的看法，而是说我们要展现出对他人的尊重和包容。这种尊重能够创造一个开放的沟通环境，促进理解和和谐。

所以也得别人的尊重

当我们心口一致地用谦虚的言语对待他人时，我们更容易获得别人的尊重。这是因为我们的行为展现出我们的诚实和谦逊，而使他人能够感受到诚实和尊重，更愿意与我们合作、分享信息，甚至能在有争议的时候寻求我们的意见。

我们在尊重他人的同时能够感受到他人回应给我们的尊重和善意。保持心口一致，使用谦虚的言辞，尊重他人，这不仅能让我们的交流更加和谐，也能帮我们赢得尊重和信任，并且营造良好的人际关系。这种态度有助于建立一个人与人相互尊重、理解和支持的社会环境。

第六十九节
当一个人达到心性的纯净和超然时,他的每一个作为都将呈现圣贤之人的气象

他的心就是圣贤之人的心,他做事不用什么计划,他的一举一动都是智慧的显现。

"他的心就是圣贤之人的心"的意思是,当一个人能够保持内心的清明和宁静并真正认识自己时,他便能超越尘世的束缚,达到圣贤之人的境界,而能自然地流露出慈悲、智慧和无私的特质。

"他做事不用什么计划"意味着,他达到这种境界后便不再需要计划,或者说他已经掌握了一切,能随心所欲地行动。他的行动是根据内在的直觉和智慧而做出的,因为行动和决策已经与内在智慧相结合,变得自然而流畅。

他不再需要刻意地去做什么。

"他的一举一动都是智慧的显现"表达了当一个人达到心性的纯净和超然时，其行为和言语会呈现出超凡脱俗的特质，其言行充满慈悲、智慧和无私，能够影响和感召周围的人。他不需要刻意做一个什么样的计划，因为他的内在品质会自然地影响他的行为，让每一个作为都呈现出圣贤之人的气象。因此，他能成为正面的典范。

第七十节

圣贤之人追求的是内心的稳定和清静

圣贤之人,终日之间,不离稳重清静的心,守住心的原点;外出的时候,心仍然要安然稳重,不可被尊贵美观所扰。

"圣贤之人,终日之间,不离稳重清静的心"的意思是,圣贤之人所追求的是内心的稳定和清静,日常保持着内心的平静,不因受外在情况的影响而动摇。这种内心的稳定使他能够在各种环境中保持冷静和理智。

"守住心的原点"中的"原点"代表着内在的智慧、慈悲和平静,代表着一个人真正的本性。圣贤之人时刻保持对这个本性的认知和联结,并以之作为思想、言语和行为的指引。无论外在世界如何变化,我们都应该时刻保持自己的本性。这样才能超越自我和情感，以更高的维度看待事物。

"外出的时候，心仍然要安然稳重，不可被尊贵美观所扰"说的是圣贤之人在外在世界中仍能保持平和的心态，无论身处何处，都不会被外在的喧嚣和纷繁所扰，也不会受外在虚妄的物质诱惑所困，而能在任何环境中都保持心境的稳定，对所有人都抱有尊重和关爱。他的言行始终是稳重而不做作的，因为他的心已经超越了外在的表象。他明白外在的尊贵或美观只是表面的，并没有真正的价值；因此，他不会因这些外在因素而改变自己的内在状态。他的内心始终保持着对一切事物的平等和不执着，并且始终是安然稳重而不受影响的。

第七十一节
至善之人,物我两忘,纯粹自然无为

"物我两忘"代表着至善之人能够超越一切分别,不被外界事物、自我意识所束缚,也代表了一种超越自我的境界。至善之人不会将自己局限于个体的边界内,而能够感受到一种更广阔的共通性,与万物相通。这类似于"无我"的状态,意味着放下自我的执念,感受到自己与一切事物共通相连。这样的觉知能够让我们将注意力转向更大的整体。

"纯粹自然无为"表达了一种与自然相融合的生活态度。在这样的态度下,一切都自然地流动,不需要刻意去努力或追求。"无为"不是指不作为,而是指不执着于追求功利,不强求结果,随着自然的节奏行动。

至善之人能够超越功利心,不会被外在的名利所困扰,不会被外在的环境所左右,能够在内心的平静中随遇而安,随自然而行,依循内在的直觉和智慧做出选择,用平和的心态去应对事物。因此,他会更加接近自己的本真,也更容易与周遭的环境和谐共处。

第七十二节

不执着于身外之物,而内在却是富足和超脱的

不执着于身外之物,不必锁上心门,"超脱之心"也不会被他人偷去。

这句话强调的是,对外物不执着的人,其内在却是富足和超脱的。如此的明心见性的状态,不会受外在的影响。

"不执着于身外之物"意味着能去除对一切外在事物的执着与贪求。这种不执着的智慧与心态让人能够在变化无常的世界中保持坚定和镇定。不执着于外在的物质、地位或名利,只追求内心的富足和满足——这样的内心就像一座充满财富的宝库。

"不必锁上心门"，因为别人无法偷走其内在的富足和平静。这种内在的富足与超脱之心，不受外在纷扰的影响；这样的内心就如同一座不需要用锁来保护的宝库。

"超脱之心"代表着一种超越世俗烦恼、执念和忧虑的内在境界。它不会被物质所缠扰，不受情感的扰动，保持着平静、清明和自在。当我们不执着于外在的追求时，内在的超脱之心就像一座不会被他人侵犯或抢夺的宝库。摆脱了物质束缚，就意味着摆脱了情感、欲望和外界评价的束缚。

一个拥有超脱之心的人不需要刻意防范外在的影响，因为其内在已经达到了一种高度清明、不执着、平静的状态，使外界的干扰无法侵入。一个拥有超脱之心的人不需要通过外在的认可或保护来获得安全感，因为他已经在内心找到了真正的自在和平静。

第七十三节
以至善的心,将善良的本性融入我们的行动中

具有至善的心,常怀善良的本心去救助别人;认为教育是无分别的,所以不嫌弃贫贱或愚笨,平等地施以教化。

"至善的心"指的是纯粹的、无私的善良的心。"具有至善的心"代表着思想、情感和行动都源自善意和真诚,而不受私欲私利的影响。这要求我们帮助他人是出于真诚与慈悲,而非为了取得回报。

"救助别人"是因为持有至善的心的人具有同理心,不仅仅关心自己的利益,更关注他人的需求和困境;他们常常会主动寻找机会帮助他人,从而使他人的生活变得更

加美好。他以慈悲之心和关怀的态度，将自己的资源、时间和知识用于支持他人，以帮助他人克服困难，达成目标，减轻痛苦。

"教育是无分别的"强调了教育的平等。持有至善的心的人认为，每个人都应该得到平等的教育机会，不论他的社会地位、财富或知识水平如何。

他相信教育是每个人的权利，并致力于在无分别的原则下提供教育机会。

"不嫌弃贫贱或愚笨"表达了超越外在的贵与贱、慧与愚的分别，不因人的贫富贵贱或智商高低而产生偏见。具有至善的心的人能够看到每个人内在的价值，并且愿意平等地帮助和教育每个人。

"施以教化"中的"教化"指的是启发、引导和教育他人，使其能够成长和进步。持有至善的心的人不仅仅会在物质方面对他人施以帮助，更重要的是，他能通过教育和启发来帮助他人成长和进步。这种教化不仅包括知识和技能的传授，还包括品德和价值观的培养。

这句话呼吁我们本着至善的心，将善良的本性融入我们的行动中，并以平等无私的态度帮助和启发他人，而不论其地位、财富或智慧。

第七十四节

与自然和谐共生，尊重、爱护和珍惜万物

心与万物合而为一，因此无论对动物还是植物都没有毁损与轻弃的念头。

这句话强调了一种与自然共融的境界，提醒人们要尊重和关爱动物与植物，而不要毁损或轻弃它们。

心与万物合而为一表达了一种无分隔的观点，认为人的内心与整个自然界是相互关联、相互融合的。持有这种观点的人能够超越分隔感，感受到自己与万物之间的联结，从而培养出对自然的敬畏和尊重。

"没有毁损与轻弃的念头"是指具备与自然合而为一之心的人不会对动物和植物抱有破坏、伤害或轻视的念

头。他认识到每个生命都有其独特的价值和存在意义,因此不会对动物、植物或其他生命体做出毁损、破坏、轻视的行为,而是尊重、珍惜和关爱它们。

这句话传达了人与自然的和谐共生关系,以及一种尊重、爱护和珍惜万物的观点。做到心与万物合而为一的人能够感知到自然界的生命力,因此他不仅不会伤害动物和植物,反而会保护和照顾它们。这种观点鼓励人类与自然界共生共存,促使人类与其他生物之间的关系更加和谐。这种和谐的关系有助于维持生态平衡,使人类能够受益于自然的恩惠,同时有助于创造更美好的世界。

第七十五节

大智若愚，守住温和柔顺的谦虚

有过人的智慧，可是仍然大智若愚，守住温和柔顺的谦虚。

"有过人的智慧"指的是，一个人对生命、宇宙、人性的本质有着深刻的洞察和理解。这种智慧超越了纯粹的知识，涉及对于存在的深刻认识。这种人的见识和理解力超越了一般人。

"可是仍然大智若愚"指的是，一个人尽管拥有过人的智慧，但仍保持着一种谦逊的态度，并且表现得像个愚者一样。这种"大智若愚"的态度并不是表面上的伪装，而是出于真正的谦虚和智慧。这种人以谦虚的态度看待自己的知识，深知世界是无限广阔的，所以每一次的学习都只是在无尽的知识海洋中汲取一滴水。他理解人类的知识和智慧只是博大的宇宙知识中的沙砾,因此他不会因自己的智慧而自傲,反而愿意保持谦卑的心态。

这种谦虚不仅表现在言语上,更体现在态度与行为举止上。他讲话时充满了温和与善意,不会用学识去嘲笑他人,而是以爱心和尊重之情对待每个人,愿意倾听他人的意见并能从中获得启发。他的谦虚让人感受到一种温暖与和平,让人愿意和他交流分享。

第七十六节

丛山之间的水沟，以卑下自处，自然会成为众流之所归

丛山之间的水沟，以卑下自处，自然会成为众流之所归。能够像众流之所归的人，更不敢抛开他的德行。

在丛山之间的水沟中，水总是低垂、平和地流淌。水沟的卑下和谦虚，使它能够容纳众多水流，成为众流之所归。水沟的比喻表达了一种谦逊和宽容的态度，告诫人们应该以谦虚的心态迎接各种人和事，从而成就共融和和谐的社会关系。

"丛山之间的水沟"这样的比喻传达了自然无为的概念。水沟不主动追求，却能自然地成为众流汇聚之地——遵循自然的法则，不勉强而能够和谐共存。个人若能以自

然之心待人处事，尊重他人的存在和差异，那么这将有助于建立更和谐的人际关系和社会环境。

这种卑下和谦虚的态度体现了个人的道德修养。那些能够以卑下自处、保持谦逊的人，常常会成为众人的榜样，因为他不寻求短暂的虚荣，而是专注于内在修养的提升。他明白道德和价值的根本在于内在的品质，而不是外在的表现。他保持着谦虚的心态，因此他的德行更加稳固，他也不会轻易受到外界的干扰和诱惑。

谦卑和卑下的态度能够带来共融和和谐，也能使个人的德行更加坚固和持久。谦卑并不是自卑，它意味着对自己的真实处境和能力有清晰的认知，不妄自尊大。卑下意味着在尊重他人的同时，不以自己为中心，愿意屈尊。这样的态度能够使个人避免自大和狂妄，从而更好地理解和接纳不同的观点或群体。

"众流之所归"表达了谦虚有德之人是众人尊敬和追随服的对象。他能够启发众人并让他们成长与效仿，成为他们信任的人,并获得他们的支持。这种心态对于个人的成长和社会的和谐发展都具有深远的影响。

"更不敢抛开他的德行"表达的是,为了更好地以身示道,以身示德,成为有正面影响力的人,启发人们成长与仿效。他要提醒自己更稳健地维持好这样的德行风范。

第七十七节

像山谷一样，能够虚心接受一切，自然使人信服

　　他有内在的涵养，与众人打成一片，又没有自傲的表现，这才是众人的榜样；就像山谷一样，能够虚心接受一切，自然使人信服。

　　"有内在的涵养，与众人打成一片"中的"涵养"指的是内在的修养和品德，这种涵养使人能够与不同的人融洽相处。具备内在涵养的人，常常以平和、宽容的态度对待身边的人，不论其地位或背景如何。

　　"没有自傲的表现"强调了谦逊和虚心的态度。不自傲的人能够以平等的心态对待他人，不会因为自己的成就或地位而傲慢自大，这使得他更容易与人建立真诚的关

系。自傲使人忽视他人的价值和意见，谦虚则使人保持开放的心态，愿意聆听和学习。不自傲的人，不会将自己的优越感强加于他人，而是用谦逊的态度与他人互动。

"众人的榜样"强调了这种内在的涵养和谦逊态度的价值，以及这种言行的内外一致的重要意义——不仅能影响个人生活，也能影响整个社会氛围。这样的人应被视为整个社会所效仿的典范。

具有良好品德和影响力的人，将成为他人学习的榜样，启发他人，引领社会健康发展。

"就像山谷一样，能够虚心接受一切，自然使人信服"将人的内在状态比作山谷，进而表达了具备谦虚心态的人能够容纳不同的观点和人，并以其开放的态度感染和影响他人。这样的人心胸宽广，谦卑柔软，有良好的品德，因而能够成为真正的榜样，自然而然地使人信服。他能够带来一股力量，自然地影响周遭的人和环境，引领周遭的人走向更和谐、正向的生活。

第七十八节
守住纯朴无华，超越单一用途的限制，成为多重角色的主宰

回归木头未被割开时的纯朴无华。木头被割开以后，会被制成一种器具。圣贤之人守住无为的朴，就能包含一切器具的长处，而不像被制造出来的器具，只有一种用处，所以他就成为一切器具的主人。

"回归木头未被割开时的纯朴无华"将人的本性比作一块尚未加工的木头，纯朴而无华。这个比喻强调了人的最初状态在受到外界干扰之前是无瑕的，就像未被外界塑造和影响的木头一样纯真。这提醒我们，我们每个人在诞生时都带有天真无邪的本质，然而随着成长，我们的本性可能被外界的种种因素所污染。

"木头被割开以后，会被制成一种器具"，这表示当人的本性受到外界的教化、塑造和影响时，他就像木头被加工成特定的器具一样，被限定了用途。这可能会导致其行为和思想受到局限，失去最初的纯朴和多样性。

当外界的影响加之于我们时，我们的才能和潜能可能会被局限在某一特定领域，而失去了原有的多样性和弹性。也就是说，我们容易被贴标签、下定义，而无法展现更广泛的能力。

"圣贤之人守住无为的朴，就能包含一切器具的长处"，这里的"圣贤之人"指的是在德行智慧上有成就的人，他能够保持内心的纯朴无华，不受外界干扰。这样的人能够包容并吸纳各种才能和特点，使之成为自己的一部分，而不会让本性失去多样性。能够守住纯朴本性的人，不会被外界所束缚，能够充分发挥多种能力和才华，以达到最高境界的无为而为。这正是"无为的朴"所包含的深刻意义。

"不像被制造出来的器具,只有一种用处。所以他就成为一切器具的主人"所表达的是,如果人被塑造成用途单一的"器具",他的功能就会变得有限。然而,那些守住纯朴无华的人,能够在多种情境下展现自己的才能,成为多重角色的主人,而不被固定在单一的角色中。守住纯朴无华的人能够超越单一用途的限制,成为多重角色的主宰。他能够在不同情境下自如运用各种能力,成为各种角色的主人,而不被定义为某一特定的角色。

第七十九节
守住纯真、朴素、无华

有作为的圣贤之人，宁愿守住纯真、朴素、无华，而不愿意像被割开制成器具的木头那样，满身粉饰，外表虚伪。

"有作为的圣贤之人，宁愿守住纯真、朴素、无华"的意思是，有作为的圣贤之人虽然关怀着众人的福祉与启发教化，且于德行智慧上有所成就，但仍选择坚守纯真、朴素和真实。

"不愿意像被割开制成器具的木头那样，满身粉饰，外表虚伪"的意思是，圣贤之人不喜欢像被制成器具的木头那样，外表布满装饰。他的追求在于内在的深度和真实，而非外在的虚名或表面的光鲜。他明白，真正的美丽和价值来自内在的纯洁和深刻,而不是外在的陈设。这种内外一致的特质是他所追求的目标。

圣贤之人拒绝表面的虚伪,而更注重内在的真诚和深刻,不以自己为他人的工具,不愿意为了物质追求而失去自己的纯真和真实。

第八十节
人类是万物之灵，离不了物体间的原理

"人类是万物之灵"意味着人类拥有较高的生命维度，拥有思考、感知、创造和超越的能力，拥有超越物质的精神实体，并因此与其他生物有所区别。人类是宇宙中具有智慧、能力的生命，可以照顾其他生物。人类的创造力有助于艺术、科技、文化的发展，能够推动社会文明的不断进步。

"人类是万物之灵"要求人类与其他生物保持和谐的联系，这意味着人类负有保护生态环境、维护生态平衡的责任。这呈现了人类的特殊地位，强调了人类的灵性、创造力和责任。我们要珍视人类独特的价值。

"离不了物体间的原理"意味着人类在生活中无法脱

离物体之间相互作用的基本原理。人类和物体之间存在着相互依存的关系,比如人类的生活和活动需要依赖各种物体,包括食物、衣物、住所以及各种工具。而物体为人类提供了生存和发展的基础。人类通过创造和使用物体,能够扩展自己的能力,改善生活条件。物体也是文化和环境的一部分,比如建筑、艺术品、科技设备等,都反映了人类的价值观、创造力和生活方式。

从另一个维度来看,这句话强调了人与宇宙万物之间的深刻关联、互动与共生。人类应与自然和谐共处,尊重和保护生态环境,以保障我们的共同未来。

第八十一节
圣贤之人，去甚，去奢，去泰

扛载重物，不久就会累倦，如此便需要适时地放下。知道这个道理之后，我们就不想去做过分的事，也不想去做夸大与不实在的事，更不想去做不必要的事。

下面对几个概念进行说明：

1. 扛载与累倦

人们在生活中可能承担重负，这些重负可能是物质或情感方面的。生活中的种种挑战和困难都可比作要"扛载"的重物，如果不懂得适时休息，放下这些重物，那么我们将会感到疲惫不堪，甚至会失去前进的动力。

2. 适时地放下

在生活中，我们常常因为过度追求物质、名利或陷入不必要的纷争而失去平衡。我们要明白什么事情是"不必要的",什么事情是"过分的",然后我们才能够适时地放下,保持心灵的清净和平静。我们要学会克制,不被物质和情感所缠绕。

3. 不做过分、夸大、不必要的事

过分、夸大及不必要的行动可能会让我们的生活变得复杂而令人迷惑,并可能会使我们陷入困境。这提醒我们应抵制生活中的各种诱惑,保持内心的平静和纯粹。例如,过度追求名利或者社会地位会以牺牲家庭生活为代价,并且可能会带来虚荣和焦虑;夸大的言辞可能导致误解和矛盾;夸大的自我形象会导致他人的反感;不必要的行动可能会浪费我们的时间、资源和精力。明白何时该停止,避免过分、夸大和不必要的行为——这样做可以帮助我们保持内心的宁静和智慧。

第八十二节
有道的君子,平时都注重心平气和

有道的君子,平时都注重心平气和。他知道,知止就是归于道,而归于道就没有危险的祸患了。

"有道的君子,平时都注重心平气和"指的是,具有道德修养和智慧的人,能意识到保持内心的平和是非常重要的。而平和的心态能够帮助人们更好地应对压力、挫折和情绪波动,从而使人们保持清醒和冷静,做出明智的决策。有道的君子具有维持平和心态的智慧,能够掌控自己的情绪和思想,从而避免了冒险或冲动的行为所带来的风险。

"知止就是归于道"的智慧就是知道何时该停下来,避免过度的贪婪追求、过分的欲望、冲动的行为。而"知止"并不只是停止行动,更是一种谦逊和自律的表现。这种谦逊使我们免于陷入不必要的困境,同时避免了过分的自负或虚荣。"归于道"则表示回归道德的准则和原则,遵循大自然的秩序和法则。这种归于道的态度使我们能够遵循正确的价值观和行为准则,并且做出对自己和他人都有益的事。

"归于道就没有危险的祸患了"意味着平和的心态、知止的谦逊以及归于道的法则能够让我们避免陷入危险和祸患。我们应当注重个人的修养和品德,并在日常生活中保持谦逊、节制和适度。通过不断地修身养性,我们可以培养出内在的智慧与平和的心态,从而在面对人生的种种挑战时能够更好地应对和适应,并且能够适时地停下来,避免过度、夸张或不必要的行为。如此,我们就能够减少陷入困境的可能性,避免危险和祸患。

有道的君子在与他人互动时,能够表现出尊重和包容,不会因为自己拥有地位或权力而高高在上,也不会因为自己的优越感而轻视他人。他尊重每个人的价值，理解每个人的处境，并且能够以谦虚的态度来与他人互动。这种态度能够帮助他建立健康的人际关系，远离纠纷和摩擦。

第八十三节

知足者富

天地的运转顺着轨道而行。知足的人心里没有匮乏感;没有匮乏感,就是不穷;不穷,就是富有。

天地的运转顺着轨道而行

自然界的运行有其固有的规律和节奏。星辰运行、四季交替、万物的生长、潮涨潮落等都是自然规律的体现。尊重这种天地运行的规律,也意味着我们应在生活中追求一种与自然和谐共处的模式,不过度追逐,不脱离大自然的轨道。

知足的人心里没有匮乏感

知足之人不会因无尽的物质欲望而迷失自己——知足的心态会带来一种内在的丰盛。这样的人不会一味地追求更多，而只会对于已经拥有的东西心存感激。他不会去寻求外在的物质刺激，因为他的内心没有匮乏感。

没有匮乏感，就是不穷；不穷，就是富有

我们在日常生活中若与他人对比、比较，或许会觉得自己有所不足或缺少什么。

但知足的人在失去了什么或缺少了什么时，也不会觉得困扰，而能安然自在地生活，不因外在物质条件的限制而感到穷困。这种内在的富足，使他不将物质上的简朴视为穷困。

有一种富有超越了物质的界限，让人能享受充实和平静的生活。一个能够知足的人，即使在物质上不是极其富有的，他心灵的富足也已经超越了物质界限，因此，他就是富有之人。如果明白这一点，我们就能够达到一种超越物质追求的境界，领悟"不穷，就是富有"的真谛。

第八十四节
人的精神、影响和价值观能够超越有生之年

一个人做事时不要失去立身处世的原则，如此，他的精神在身死之后还能永留人间。这才是真正的永生，真正的长寿。

如果一个人在为人处世时能够坚守自己的价值观和道德原则，不追求一时的利益，而能以长远的眼光来看待一切，那么他的行为就能够超越肉体的限制，留下持久的影响。

这种对原则和价值观的坚守使一个人的精神可以在其肉体离世之后继续存在于人间，这便是所谓的"精神永留人间"。这种存在并不是指肉体的永生，而是指人的精神、影响和价值观能够超越我们的有生之年，影响和启发后人。这样的永恒存在，才是真正的长寿和永生。

第八十五节
自知者明,自胜者强

反思自己的过错、知道自己的不对,这就是明白自己心性的表现。能够战胜自己、克服自身问题的人,才是最坚强的人。

"反思自己的过错,认识到自己的不对",是一种深刻的自我觉察,也是成熟的表现。这种反思能力源于对自我内心的敏锐觉察和对自身行为的公正评估,它反映出一个人对自己心性的理解和掌握。能够反思自己的过错并认识到自己的不对,这是有智慧、有勇气和成熟的表现。

这种反省和自我检视的能力的核心是诚实面对自己,不逃避自己的错误或缺点。深入思考和审视自己的思想、言行、态度、人际关系与人生走向等,都是了解自己的过程。由此得来的自我认知能帮助我们更好地理解为什么我们会做出某些选择，从而有机会改变不健康的行为模式，培养更健康的心态。

能够战胜自己、克服自身问题的人，才是最坚强的人。人们常常会受到情绪、欲望和冲动的影响，而陷入负面的行为模式中，也常常活在惯性思维和反应里，习惯了以自我为中心，自以为是。那些能够自我反省、战胜自己、克服自身问题的人，能够勇敢地面对自己，无论是光明的部分还是阴暗的部分。他们能够正视自己的弱点、错误，诚实地表露自己的不足，坚定地战胜内心的欲望及外部的诱惑与挑战，并且敢于承认自己的脆弱和不完美。这些特质显示出其强大的意志和内心力量。

第八十六节

守住仁德之心，才能真正地战胜一切困难，达到永恒

"仁德"指的是对他人的关爱、尊重和乐于助人的态度，还包括个人的德行和道德行为。它体现了对人类共同利益的关心，以及以道德为导向的生活方式。

"守住仁德之心"强调了在日常生活中应持之以恒地用仁德的心态看待世界并在言行中体现仁德。在日常生活中，仁德的言行能够对他人产生积极的示范效应，其影响不仅限于个人，还会辐射到家庭、社区甚至整个国家。守住仁德之心不仅是个人的修养，更是对社会和他人的责任；这不仅能够影响个人的行为，还能够影响社会的价值观和风气，创造一个更加和谐、正义和幸福的社会，促进

个人和集体的进步。

"战胜一切困难,达到永恒"表达的是,"守住仁德之心"这样的操守可以帮助我们战胜内部与外部的困难,超越短暂的物质追求,克服内心的贪婪、自私、负面情绪,从而坚守正道,建立起一种持久的品德和价值观。

能做到这一点的人,其德行将留下深远的影响,他将成为后人学习的榜样。他对后人的影响和价值不仅体现在行为上,还体现在思想上。他实现了真正的价值永恒。

第八十七节

天下之物，物极必反，阳极必阴，阴极必阳

天下之物，物极必反，阳极必阴，阴极必阳；塞翁失马，焉知非福。

"天下之物，物极必反，阳极必阴，阴极必阳"表达了万物运行的变化规律，以及事物达到极端后反转的趋势。在自然界中，阳与阴、白天与黑夜的变化都是这种阴阳互化的体现。这种变化规律反映了万物的本性——无论是自然界还是人类社会，都在持续运行中不断变化、转化。

在"塞翁失马"这个典故中，塞翁虽失去了马匹，几经波折，最终却保全了他儿子的性命。这种逆转现象不仅

体现了阴阳互转的原则，也展示了事物发展过程中的复杂性和变动性。

　　这句话提醒我们，在面对极端条件、困难、逆境时不必过分悲观。这种阴阳互化的规律使得万物都处于变化之中，所以没有永恒的顺境或逆境。我们不要过分执着于一时的顺境，也不要因一时的逆境而悲观绝望。这句话还提醒我们，当事物发展趋于极端时，我们需要保持警惕。例如，当顺境达到极点时，我们要保持谦虚与警惕，不可盲目自满。

第八十八节
柔胜刚,弱胜强

柔弱才能真正胜过刚强,圣贤之人常以卑下柔弱自处,反而能够千古流芳。

在许多人的心目中,刚强常常被认为是优越的,而柔弱往往被视为是无力或不足的。然而,柔弱的特质实际上具有深远的力量,能够让我们在工作和生活中取得更长远的成功。

在自然界中,水便是柔弱而具有无限力量的代表。虽然水流看似柔弱,却能穿越岩石,涌过高山,最终形成壮丽的江河。水的柔弱使其能够适应各种地形和环境,从而保持流动性,并最终实现宏伟的成就。

又比如,在人际关系中,柔弱的态度通常会展现出一个人的智慧和谦逊，能够使其与他人建立更深厚的联结和信任，并增强其影响力。

一个处事柔和、不争不斗的人，更容易赢得他人的合作和支持。

他不会因为自己的强势而引起他人的反感或对抗，而能够以和谐的方式解决问题，维持良好的人际关系。

"圣贤之人常以卑下柔弱自处，反而能够千古流芳"的意思是，圣贤之人之所以能流芳千古，正是因为他理解了柔弱的力量，懂得这种智慧又谦逊的态度如何能够带来长远的影响和尊重。"柔弱"并不是指无能或软弱，而是指在智慧和毅力中展现出来的柔和态度。圣贤之人不以强硬、傲慢或高傲的姿态出现，因为他明白，用温和的态度去处理事物可以建立更好的关系，收到更好的结果。这种柔和的态度让他能够更好地理解他人，解决冲突，面对挑战。他不执着于强势的表现，而是通过柔和的态度和智慧的行动来达到更持久、更高尚的目标。他明白"柔弱胜于刚强"这一道理，因此能够在他人心中留下深刻的印象，成为榜样和引领者。

"卑下"指的是谦虚、不自大、不骄傲。这种谦卑的态度能够让一个人在众人中显得更加可亲、可信和值得尊重。优点和成就并不是用来炫耀或显摆的。我们应以平和的心态对待他人，不压制他人，不怀有优越感。

圣贤之人不寻求一时的名利，而是以恒常的眼光看待自己的行为。他的柔和与谦卑让他的影响力世代流传，启发后代，使他在历史长河中留下不朽的美名，千古流芳。他的影响力不仅源自其智慧和学识，更源自其处世态度、道德品质和价值观。

第八十九节

能够守住无为之道，自然就会成为万物之所向

人一离开道，就会陷入困境，而失去目标；如果能够守住无为之道，自然就会成为万物之所向。

"人一离开道，就会陷入困境，而失去目标"表达了人一旦离开正道，就会陷入困境。人一旦背离道德和正道，远离善良行为，或是失去内心的平静，那么他就有可能遭遇种种问题，内心充满不安、焦虑、矛盾，并且会与他人产生冲突。"困境"可能表现为内心的烦恼、道德观价值观的崩溃，或者迷失生活的方向。离开正道，就意味着偏离了正确的轨道，这将导致内在的迷惘和外在的挫折。

"守住无为之道"中的"无为"不是指不做任何事，而是指不执着、不去过度追求功利和个人私欲。"无为"就是不强求，不勉强，不进行不必要的抵抗和干预，顺从自然的原则与变化。这种态度使人能与万物和谐共处，坚守自己的本心，保持内心的平静和纯洁，不被外界的纷扰和诱惑影响。由此，我们便更容易适应变化，并能以有韧性的方式应对挑战。从另一个角度来看，"守住无为之道"要求人们放下执着，追求无我，以达到超越个人欲望和烦恼的境界。

"成为万物之所向"的意思是，守持无为之道能够让我们的内在和外在保持和谐，并且使我们不再与自然和他人对立，而能与万物和谐共处。因为我们不再执着于私欲和成见，所以我们的生命变得像一个平静的中心，让周围的事物感受到我们的"无为"，吸引它们自然地围绕我们运转。守住无为之道，以无私、无我的态度来处世，就能与自然、社会和他人达到和谐，所以自然会吸引万物。

"无为"让人与自然的运行趋势保持一致，而不与之抗争。这样的人，他的存在本身就是一种和谐、平衡的象征。我们在追求目标、实现人生意义的同时，不要迷失于物欲的纷扰中，而应超越自我的界限，与自然、他人、世界达到和谐，实现一种无私、不执着、自然、无为的境界。

第九十节

为人处世，应该以道德为上，仁义次之

为人处世，应该以道德为上，仁义次之，讲求实质的意义，不要追求虚伪浮华的行为。

这句话蕴含着一种为人处世的哲学观，强调了道德、仁义和实质的重要性，并警告人们不要迷失于虚伪和浮华的行为中。

"以道德为上，仁义次之"强调了道德的价值。道德是一种内在的准则，它引导人们做出判断进而选择正确的行为。仁义是道德的具体表现，包括对他人的关爱和尊重，以及遵守社会伦理规范等。"以道德为上"意味着在为人处世时，应该始终坚守正义、善良和公平的原则；而"仁义次之"强调了对这些原则的具体实践。

"讲求实质的意义,不要追求虚伪浮华的行为"强调了为人处世应该注重内在真实和本质,而不要追求虚伪的表现和光鲜的外表。现代社会中往往充满了虚伪的现象,人们可能会为了追求外在的虚浮成就,而忽视了内在的品德和价值。真正的意义和价值在于内在的成长和修养,而不是表面的形象。因此,我们应当摒弃虚伪的行为,追求真实的内涵和实质的意义。

从更高的维度来看,"实质的意义"可以是正道的本源、真理和智慧,或是内在的品德和道德价值;"虚伪浮华的行为"则代表俗世中的迷惑和执着。

追求外在的虚荣会使人远离正道,因此,我们要从内心深处觉醒,在为人处世时坚守道德和仁义的原则,不要被虚伪和浮华的表象所迷惑,而要追求内在的价值和真实的本质。如此,我们便能超越虚幻的外在,回归自然,实现本性与正道的融合,达到无为而治的境界,真正获得解脱与平静。

第九十一节

上士闻道，勤而行之

根基深厚、见识超群、志量广大之人，一听到"道"，就能努力去实践，而达到心道相合。

一个具有深厚根基、卓越见识、广大志向的人，如果听到宇宙天地之"道"，就能立志领悟这个正道并依循于此，进而达到"心道相合"，并且会努力地实践正道的义理。

"根基深厚"是因为他在成长过程中具备学习和修身、理解和践行的能力，培养出了超越表象的理解力，能够清晰地认识到自我和现象的虚幻性。

"见识超群"意味着他能够洞察到一切现象背后的本质和原则，能够看到不同事物的共通之处，从而更深刻地理解"道"的意义。他能够通过深刻理解经典和理论原则而汲取智慧。

"志量广大"表示他追求进一步的觉醒,并且想要达到更高的境界,寻求更高的智慧和悟性。而"道"就是他实现这种境界的指导,让他能够对社会做出更多贡献,并进一步改善环境。

"一听到'道',就能努力去实践,而达到心道相合"的意思是,当他听闻真理正道时,就能立志领悟正道,依循正道。他能够体会到正道的意义,并努力去付诸实践,从而达到内心与道相合的境界。

第九十二节
正确的引导是成长道路上的明灯

应引导见识不足、对道认识不清的人,使其有缘闻道,生慕道之心,并能持续长久地践行道。

正确的引导是成长道路上的明灯,让人在自我提升的过程中获得更深的体验和洞察,并且能够更加坚定地持之以恒。

在领悟正道的修身过程中,一位有经验且懂得道理的引导者能够为人们阐明道的基本概念,并且提供指导和建议。这种引导使人们能够有一个清晰的方向,而不至于在迷茫中止步不前。引导也是一种启发,能够激发人们对真理正道的兴趣和好奇心。当人们听到他人分享关于道的深刻思考和体验时,他们可能会产生共鸣,感受到道的价值和意义。

这种启发能够点燃人们内心的火焰，令其更加渴望去深入探索道并理解道的真谛。这种引导就像在黑暗中点亮一盏灯，为人们指引前进的方向。

当一个人对道的认识尚不充分时，他可能会陷入困惑和迷茫，不知该如何学习道。正确的引导能够在人们闻道修身的过程中起到关键性的作用。

引导的另一个重要作用是让人们清楚如何在日常生活中践行道。道不仅仅是一种抽象的理念，还是一种生活方式和行为准则。一位有经验的引导者可以通过实际的示范和建议，帮助学习者将道的义理应用于日常生活中，从而建立起一个正面健康的生活模式。

初学者对于道的概念和实践都还不够清楚，他可能会有许多疑问和困惑，不知道如何选择适合自己的学习方法。如果能够遇到一位有经验的引导者帮助他理解道的核心理念，那么这种引导不仅能帮助他增加对道的了解，为他提供知识和指导，还能带给他启发和激励。这种引导在学习者的成长过程中发挥了关键作用，能够帮助他更好地理解道，在学习和修身的过程中获得更深的体验和洞察，找到清晰的方向，并且在日常生活中实践道的原则。

　　这种引导使初学者能够更有信心，并且在学习和修身的过程中不断取得进步，坚定持久地践行道。

第九十三节
以身示道，无为地发挥影响

以身示道，无为地影响愚顽者、见识浅薄而不知"道"为何物者、本性迷昧而贪享欲乐者。

以身示道，无为地影响愚顽者

在人生成长的过程中，我们可能会遇到一些人，他们可能对精神成长和道德价值缺乏理解，甚至抱持着迷惑和愚昧的想法。但圣贤之人的以身示道，以及他的处事态度、善良行为、平和的心境，都能够在无意中对这些人产生积极的影响。榜样或许能让人感受到一种不同的生活方式，进而反思自己的价值观。

而以身示道可以从不同的维度来呈现，比如以无我之心做出利他的行动，不为名利和自身利益而行善。如此，圣贤之人便能以慈悲与平和的态度去影响那些贪婪而追求享乐的人，帮助他们逐渐超越表面的物质欲望，探寻更深层的内在安宁。

以身示道也可以体现为自然地生活，不为名声和虚伪的外在所捆绑。

圣贤之人可以通过简单而真实的生活去影响那些贪慕虚荣的心灵空虚的人。他的实践可以启发他人去追求内心的平静和充实。

以身示道还可以表现为坚守仁义的原则，成为他人的榜样，在言行间体现高尚的品德，通过自己的生活实践影响身边的人。这些做法或许能够感染那些尚未明白仁义之道的人，引导他们走上正道。

无为地影响见识浅薄而不知"道"为何物者

有些人可能对于真理正道的理解相对浅薄，无法深入探究其背后的真义。这时，以身示道之人可以通过他的言行，让那些人感受到深层次的智慧和生命态度；还可能会激发他们的好奇心，引导他们寻求更深的理解。

无为地影响本性迷昧而贪享欲乐者

有些人可能深陷于物质欲望和短暂的享乐中，忽略了内在的灵性和深层的价值。而以身示道的圣贤之人可以通过其不被外界物质所诱惑的生活方式，来呈现出一种自由自在的充实的样貌。这种内在的丰盛和平静可能会启发那些追求虚荣和享受的人更深刻地思考人生的意义。

圣贤之人在生活中的表现对他人是有影响力的。他以身示道，做出无言的示范，从而影响那些可能尚未意识到道德价值和精神成长意义的人，引导他们往更有意义的方向发展，让他们开始反思内在的追求。如此，他们可能会渐渐感受到内心的宁静和充实，从追求表面的物质欲望转而开始寻求更深层次的意义和精神成长，探索更深刻的人生意义。

第九十四节
明白大道的人,以机智全无为途径

明白大道的人,必须机智全无,意念清净,大智若愚。

"以机智全无为途径"的意思是,能够舍弃对于个体自我的执着,从而做到心念清净,达到无我之境。这种清净的心念不受烦恼和贪欲的影响,让人保持大智若愚的状态,表现出非凡的智慧,而不会被杂念或外界干扰。

大道无言,所以明白大道的人不以机智的言语来证明自己,不炫耀自己的智慧,而是以实际的行动与平和的心态示范道的力量。他就像水一样,柔弱而能克服一切障碍,以柔软的态度展现大智若愚的境界。

"大智若愚"是放下自我执着、达到无我境界的结果。这种无我境界使人能够超越个体的界限，与万物共通，从而拥有更深刻的智慧，却不会把智慧拿来炫耀，而能以慈悲和谦虚的态度对待一切生命。他让自己的心念保持纯真的状态，让自己达到大智若愚的境界，而能以柔弱、清净与平和的心态影响世界。

这样的人具有高度的品德和道德修养，有谦虚和慎独的态度，不会被外在的名利所迷惑，而能坚持内在的真善美，并能以平和谦虚的态度处事，以平实的言行做出示范。他尊重他人，不计较名利得失，以身作则，影响着周围的人。

第九十五节
进道若退

　　行道的人，不做有为之事，不逞劳心劳力之能，事事让人三分，不敢先进于人。

　　"行道的人"通过潜移默化的方式，以身作则地影响身边的人。他注重内在的转化，会以无为的态度去处理事务；他的行为和处事态度会激励他人追求内在的美德和修养，而不是追求外在的虚荣和功利。他的谦逊和平和能够在社会中创造一种和谐、平衡的氛围，有助于实现自然的和谐境界。

　　"不做有为之事，不逞劳心劳力之能"表达的是不过度执着于追求外在的成就和表现，不刻意追求虚幻的功名利禄，也不过分地将心力耗费在一些琐碎的事情上，而把注意力放在内在的修养上，注重深入思考和反省，从而实现真正的成长。追求自我实现和强调自身能力往往会使人感到疲惫，陷入纷扰之中。我们不要为了展现自己的能力而刻意去做事，而应遵循自然的轨迹，让事情适度地发展，避免过于劳心劳力。如此，我们不仅能够保持心灵的宁静，也能让周围的人感受到和谐和平衡。

"事事让人三分，不敢先进于人"强调的是谦逊和退让的态度。过分强调自我、压制他人往往会引起冲突和不和。我们应当尊重他人的意见和选择，不自视过高，不为争取名利而不择手段，让事情按自然的轨迹发展，而不强行去干涉，不通过强势的表现来取得他人的认同，以谦逊和退让的态度为人处世。如此，我们不仅能够建立良好的人际关系，也能够在处理事务时保持冷静和平和。

第九十六节
明道有德的人，心与道合

明道有德的人，心与道合，不做骄矜之举，不说矜奇之言，不分富贵贫贱，有平实感。

"明道有德的人，心与道合"的意思是，了解道的有德之人遵从道的本然，遵循自然规律，不会刻意追求虚荣和表面的繁华。他明白，外在物质财富和地位都是虚幻的，如果执着于这些只会徒生烦恼和困扰。他努力追求内心的宁静与解脱，不受外在变化的影响。他的平实感来源于对一切事物的不执着，以及他内心的安定。他以仁义为本，尊重他人，不轻视任何人。他的行为和思想都能够反映出道德感和正面的价值观，而不会偏离正道。这种和谐一致的状态使他能够更自然地处理各种情况，而不会受到外在诱惑或压力的影响。

"不做骄矜之举"意味着不会为了显示自己而做出有别于他人的不必要举动,不会追求虚名与荣耀。这样的人能够保持内在的平和,不需要通过炫耀自己来获得肯定。

"不说矜奇之言"表示言辞平实,不会说出夸张或不真实的话语,不会通过夸大其词来吸引注意,而是用真诚和实际的话语与人交流。这种真实和平实的说话方式使人更容易获得他人的信任和尊重,因为他明白真正的价值来自内在的灵性和心与道的合一。

"不分富贵贫贱,有平实感"表达了不会过分执着于外在物质财富和地位,无论对方是富裕还是贫困、高贵还是卑微,都能在与之互动时展现出真诚和尊重,保持着谦逊、真实、平和的态度,不会受外在物质和环境的影响。这体现了一种内在修养与实在的品德。这样的人,其言行举止自然而不矫揉造作,充满真诚和尊重。他不会刻意迎合他人的期待,也不会为了贪图社会上的虚荣而改变自己。他能够在一切变化中保持内心的平实与真诚。

第九十七节
上德若谷

道德高尚的人,心量广大,能涵容一切,如空谷一般。

"道德高尚的人,心量广大",他之所以能够像空谷一样虚心接受一切,是因为他已经超越了个人的小我,融入了更大的整体,与大道合一。这样的人能够超越自己的个人利益和欲望,将集体的福祉放在首位。他不再让自己的心受限于个人的狭隘视野,而是以更广阔的视野去思考,进而做出行动。他能够包容各种不同的意见和观点,而不会对与自己看法不同的人感到不满。广阔的心胸使他能够容纳众多的看法。

"涵容一切,如空谷一般"的意思是心像空谷一样宽广，能够虚心接受一切变化。具有这种心胸的人能够放下偏见、执着和个人私利，对一切生命的尊重。他的心境就像一个开放的空谷，能够容纳万物，表现出至高的道德和智慧。像空谷一样的心态是无私、平和、宽容、自然的，让人能够平等地看待一切事物。

  道德高尚的人能够保持开放的心态，能以平等和善意的态度对待万物，不会因为事物的大小、价值或类别不同而区别对待。

第九十八节

大德若不足

有大德行的人，不自以为有德，所以仍然很谦虚；建立广大功德的人，不向人夸耀自己的功德，默默奉献而不想让别人知道。

"德行"是指个人的善行和道德修养；"有大德行"代表了一种超越自我、关怀他人的境界。"有大德行的人，不自以为有德"，其善行与修养是自然流露出来的而不是刻意而为的，就如同行善而不在心中留下行善的痕迹。谦虚是这种境界的表现，它意味着不以自我为中心，不自我吹嘘，而保持着一种谦逊的态度。这种谦虚不是虚伪的自我否定，它源自对自身真实价值的正确认知，以及对他人的存在和价值的尊重。

谦虚是一种内在的修养，也是一种高尚的品质，它源自对自己和他人的尊重。有大德行的人明白，高尚的道德并不是用来炫耀或显示给别人看的，它是内在的修养，是学习的结果。他明白道德的提升是为了自己心灵的成长，而不是为了取悦他人或追求虚荣。他在日常生活中能谦虚自持，不会故意强调自己的高尚表现，也不会自夸自大。他的谦虚表现在言语和行为中。他不会试图展示自己的优越性，而能够以平和的态度对待他人，尊重每个人的价值和尊严。

"建立广大功德的人，不向人夸耀自己的功德，默默奉献而不想让别人知道"的意思是有大德行之人在建立广大功德时也保持低调与谦逊。真正的善行出自内心的善意，源自内心的真挚和无私。他的无私付出不以追求回报为目的，也不是为了被人称赞、认可。他低调地做善事，而不会将自己的功德宣扬出去。

这种谦逊和无私的态度展现了真正的道德和善行,它不仅能够影响个人自己的内在成长,而且有助于人与人之间的和谐互动与共融。

第三章 无为而无不为

第九十九节
注重身内真我的生命多过身外的声名

注重身内真我的生命多过身外的声名,让身内真我的生命实质大过身外多余的物质。

"注重身内真我的生命多过身外的声名"强调的是我们除了这个肉身的生命之外,还有更要注重的东西,那就是内在真我的生命本质,也就是真正的生命体。这种内在真我的生命大过外在一直在变化生灭的声名。这里强调的是内在的成长和发展。我们应当注重培养真实的内在、真实的自我认识。

"让身内真我的生命实质大过身外多余的物质"不是在反对物质的拥有,而是在提醒人们不要过分追求虚假的物质满足。这强调的是物质和精神层面的平衡。生活中,物质处于表象层面，而真正的宝藏是我们内在的经验、情感和智慧。寻求内在价值和真实存在的重要性远超过物质的过度累积。物质是外在的，而真正能够带来内心满足感和充实感的是内在的涵养。

过度的物质追求可能会带来负担和束缚。这句话启发我们在现代社会中应如何让生命更有意义、更充实，提醒我们在追求外在物质财富和成就的同时不要忘记培养内在的涵养。

第一百节
对道有体悟之人，内心是知足的

对道有体悟之人，内心是知足的；其心减少贪求，自然能超越无忧无虑。

"对道有体悟之人，内心是知足的"的意思是，领悟了真理正道的人深知人生中的追求和渴望是无穷无尽的，而真正的满足来自内心的平静和富足感。他明白自己不需要依赖外部因素来感到满足，而能够在自己内心找到真正的宝藏。他体认到真正的幸福和满足来自内在，而不是外部的物质和表面的成就。

对道的领悟不仅是理论上的了解，还是对生命和存在的深刻体验。这能让我们在内心找到一种真实的安宁和满足。

"其心减少贪求，自然能超越无忧无虑"的意思是，领悟道的人知道贪求和欲望是导致人们不满和烦恼的主要原因。因此，他努力减少对外部事物的渴望，并学会放下执着和贪婪。这种心态帮助他远离对浮华的追求，转而追求心灵的纯净和轻盈。他满足于当下的状态，明白外在的追求往往会带来虚幻的满足感和不真实的无忧无虑，这种满足感与无忧无虑可能只是个体对外部环境的暂时的反应。而减少贪求能够让人们超越表面的无忧无虑，获得更高层次的平静和心灵的自由与满足，长久地保持一种"无我"的状态。

第一百零一节

舍弃多余,回归本真

恢复,有时是不再做多余之事,舍去多余的习惯、习性。

"恢复"在这里的意思是回归本真、重返本源,它与人们寻求纯净、简单的生活方式相关。这种恢复可以体现在生活的各个层面,例如不再做一些多余的事情、舍去不必要的习惯等。

"不再做多余之事"提醒我们,生活中常常有许多不必要的行为和活动,它们可能会耗费我们的时间和精力,却未必能带来真正的价值。"恢复"的思想鼓励我们审视自己的日常生活,识别出那些不必要的事情,并努力专注地去做那些真正重要且有意义的事。这种做法能够帮助我们更有效地运用我们的资源,并在生活中找到更多的自由和宁静。

"舍去多余的习惯、习性"也是"恢复"的途径。现代生活中,我们可能习惯了过于复杂的饮食,摄入过多的热量,养成了不健康的饮食习惯。"恢复"的思想鼓励我们回归自然的饮食,选择更简单、更健康的食物,保持身体的健康和平衡。

"舍去多余的习惯"也意味着舍弃那些可能对我们产生负面影响的模式,例如对社交媒体的过度依赖、负面的思维模式等。通过恢复简单、纯净的生活方式,我们可以在生活中找到更多的宁静和内心的平衡。

总之,"恢复"的思想鼓励我们舍弃多余的事物,回归本真,寻求简单、纯净的生活方式。通过不再做多余之事,舍去多余的习惯、习性,我们可以建立一种更平衡、更有意义的生活,并找到内心的宁静和满足。

第一百零二节
大智若愚，大成若缺

大有成就的人，能谦虚待人。这样的谦虚作为，在世人眼中就像尚不完满一样，似乎有所缺失。这才是大有成就的人啊！正所谓大智若愚，大成若缺。

"大有成就的人，能谦虚待人"表达了一种高深的内在修养和智慧。一个取得了巨大成就的人，能够以平和的心态对待自己的成就，以真诚的态度对待他人，同时一直保持着谦虚的态度，能够面对自己的不足。他明白，他的成就不是单纯来自个人的努力，而是来自众多因素的结合，包括他人的协助、机遇的降临，等等；因此，他不会陶醉于自己的成就，而更能理解和感激周遭的一切。

他会以谦虚的态度对待他人。这种谦虚不是虚伪或自卑，而是一种真诚的表达。他不会因自己的成就而自满，而愿意虚心聆听他人的意见，从而不断地学习和进步。

"这样的谦虚作为，在世人眼中就像尚不完满一样，似乎有所缺失"的意思是，这种谦虚的作为可能会让人觉得他处于一种尚不完满的状态。这是因为他不会过度强调自己的成就，也不会自吹自擂。然而，这正是大有成就的人的特点。

这种谦虚和谦逊的态度，也表现在对待他人的方式上。他不会因为自己的成就而傲慢自大，而会平等地对待每一个人，尊重每一个人。他愿意倾听他人的意见，愿意从不同的角度看待事物。这种虚心求教的态度使他能够不断吸收新的知识和观点，进一步丰富自己的内涵。

"大智若愚，大成若缺"反映了一种内在的平衡观，它提醒我们在追求智慧和成就的过程中，不要因骄傲而迷失自我，而应以谦逊和虚心的态度面对一切。这种心态不仅能够帮助我们达到更高的境界，也能够使我们保持开放，不断学习和成长。

所以，有大智慧和大成就的人，往往会保持一种"大智若愚"的状态。虽然他拥有广博的知识和深刻的见解，但他愿意表现得像个愚者一样，而能虚心地对待每一个人和每一个情况。他也会对自己的成就保持"大成若缺"的心态，不会因为已经取得了一些成就就停止努力，而能不断地挑战自己，寻求更高的境界。这体现了智慧和成就之间的微妙平衡，以及一种虚怀若谷的心态。

"大智若愚"意味着那些具有深刻智慧的人会以谦卑的态度处事，将自己视为一个愚人，而不去炫耀自己的智慧。这种谦逊的态度实际上反映出他对知识和智慧的深刻理解。他明白自己所知道的东西不过是海洋中的一滴水，而整个宇宙的奥秘远超出他的理解。

"大成若缺"强调的是，即使取得了巨大的成就，也会认识到自己仍然有不足之处，仍然有可以改进的地方。这样的人不会因为已经取得了某些成就而自满，而会看到成就中的不足，始终保持谦虚和虚心。

第一百零三节

清静无为，使万物各得其所，使众人各得其归

清静无为，使万物各得其所，使众人各得其归，自然就太平清正了。

清静无为

"清静"代表了心灵的宁静和安定。我们当保持内心的平静，不被外界的干扰所困，也不受自身偏见和情绪的影响。"无为"不是懒惰或漠不关心，而是不刻意干预和强迫，让事物自然地发展和运行。

使万物各得其所

这种清静无为的态度可以帮助我们观察世界和自己，从容面对挑战，并可以使万物"各得其所"，也就是使万事万物都能在适合的环境中发挥作用，并达到平衡。我们

应以平和的心态面对事物，不执着，不强求，从而让事物在自然的状态下发展和运行。我们应尊重事物的本性和生命力，不去强加自己的意愿，而让每个事物都能发挥其独特的功能和价值。

使众人各得其归

让每个人都能找到适合自己的位置、价值观和生活方式，拥有自由和选择的权利，不受外界压力和诱惑的影响，达到内外和谐的状态。这强调了人的多样性和平等性，并呼吁我们不要对他人进行过多的干涉和评判。

自然就太平清正了

一切人和事物都能够在自然的状态下运行。这种不强求与不烦扰，体现了尊重自然、尊重人类的态度。我们应让内心保持平静并自然地运行，还应尊重事物的本性，从而达到太平和清正的境界。"太平"不仅指外在的社会和平，更涵盖了内心的平静、平和与纯净。通过保持清静无为的心态，我们能够达到太平和清正的境界。

第一百零四节
以中正之道立命，以和煦之气养身

有道的人，身心泰然，没有心猿意马胡乱奔驰之患，以中正之道立命，以和煦之气养身，自然就清静无事了。

"有道的人，身心泰然"的意思是，有道的人能够在生活的风雨飘摇中保持内心的平静和心境的稳定，而不仅是保持外在的冷静。他能不被外界的风浪所动摇，也不被负面的情绪所左右。这种内在的泰然让他能够平静地应对生活中的挑战和变化，而不至于陷入情绪的波动中。

"没有心猿意马胡乱奔驰之患"中的"心猿意马"指的是内心不断涌现纷乱的思绪和杂念的状态。有道的人能够控制浮躁的念头，不让它们胡乱奔驰。他能够维持内心的平和与平静,不让杂念干扰他的思想和行动。

"以中正之道立命"中的"中正之道"强调的是适度、节制和平衡。有道的人将这种中正之道融入生活中,并应用于生活的各个方面,不偏不倚,不走极端。他不会过分追求或回避任何事物,而能够寻找平衡点,使自己的思想和行为保持中正,使心态保持平稳;同时,他能够做到严格自律。

"以和煦之气养身"中的"和煦之气"是指平和、温暖的氛围。有道的人以这种和煦的气氛来滋养身心。他会在外在环境中寻求和谐,更重要的是,他会在内心培养一种平和的氛围。他关注外在的健康,更注重内在的能量和气质。这种和煦的气氛可以滋养身心,帮助他保持稳定和平静。

"自然就清静无事了"表达了有道的人在追求中正和和煦的过程中,逐渐会达到一种自然的清静无事的状态。他不会刻意追求功名利禄,不再被外界的喧嚣所打扰,也不会陷入过度繁忙的生活中，而能够享受内心的宁静和安定。这种内在的清静使他心胸开阔，能以平和的心态处理事情，享受当下的生活。

第一百零五节

不守清静无为，心不得一时的宁静

如不守清静无为，则时时会贪得无厌，导致心上之"刀兵"横出，性中之"意马"胡闯，不得一时的宁静。

不守清静无为

一旦我们不能坚守清静无为的心态，就常常会感到心思烦乱，忙于追求外在的物质、功名利禄，或是被各种情感所困扰，而无法获得内心的平静。

时时会贪得无厌

如不能守住清静无为，就时常会产生贪婪的念头，而堕入烦恼之中。如果心不得安宁，我们便容易被欲望所困扰，被情感所左右，行为不端，违背仁义道德，偏离正道。心中的贪婪之念，让我们不满足于已拥有的，而去追求更多的外在物质或成就。这样的贪婪之念将会源源不断地涌现，使内心难以得到真正的宁静。

心上之"刀兵"横出

"刀兵"这个比喻表示，当内心充满不安、烦恼和焦虑时，心中生出的纷扰和冲突就像一支支刀兵。负面情绪会影响我们的思维和行为，让我们失去平静和理智。

性中之"意马"胡闯

"意马"指的是内心的念头和欲望，如果不加以控制，它就会像一匹随意奔驰的马一样，无法选择正确的方向。当我们的内心充满无法克制的欲望和念头时，我们就难以达到真正的平静和宁静。

不得一时的宁静

这样的内心状态不会带来真正的宁静。我们无法在烦乱和贪婪的心态下获得内心的平静和自在。我们由于不断地被外在的欲望和情感所左右，而无法实现真正的自我超越和内心的宁静。

从另一个角度来看,这句话强调了无我、无常、无执。贪婪之心和不安的情绪的产生都是因为我们执着于眼前的虚假表象。若我们能放下执着,放下欲望,便能保持内心的平和,实现自我超越,达到无我的境界,回归自然,获得真正的平静与和谐。

第一百零六节
心中无道，性命怎能长保

五脏六腑尽为交战之场，神无一刻守舍，心无暂时之安闲，此乃心中无道。如此，性命怎能长保呢？

这段话表达了一种内心受到困扰的状态——这种状态可能对身心健康和寿命造成不良影响。

道家思想认为，人是天地之间的一部分，应该追求与自然、大道的合一；人应该守住清静无为的心态，以达到心灵的平衡与和谐，从而能够与大道共振，让内在自我与外在世界保持一种和谐的状态。

如果人的内心被无尽的欲望所充斥，那么内外的和谐就会被破坏。

"五脏六腑"代表人的生理机能。当一个人的内心充斥着不和谐的相互争斗的元素时，其内外皆会出现乱象。所以，我们应当保持清静的心态，让内心不再被欲望所困扰，追求自然而然的生活，寻求身心的平衡。如此，我们将能够体验到内心的平静和愉悦，使身心更加健康与和谐，进而达到延年益寿的目的。

在佛家思想中，贪、嗔、痴等是人们痛苦的根源。人在受到贪欲、憎恨、痴念的影响时，内心将变得不安和纷乱。这种状态将导致五脏六腑的不和谐，影响身体健康。我们可以通过放下烦恼，达到清静的心境，减轻压力和焦虑，从而给身体带来正面的影响，提高生活质量。我们可以通过正念、静心与内观的练习来平衡身心，进而更好地掌控自己的内心，实现心灵的平和，而这种平和也会反映在身体的健康上。

儒家思想主张通过培养个人的德行和修养来实现内心的和谐与平静。当一个人能够守住心中的仁爱和正义并让自己的内在态度体现在外在的言行中时，他就能够在生活中保持内外的和谐。这种内外的和谐将对个人的身心健康和整个社会的和谐产生积极的影响，从而可能对长寿有所助益。

总而言之，人在没有守住内心的清静无为之道时，有可能会陷入一种内外不和谐、不平衡的状态，这种状态将对身心健康和寿命造成不良影响。

第一百零七节
过多的欲望和执着会干扰身心的平衡

　　过多的欲望所造成之危害甚大。一念之所害，就好像星星之火，虽微，却可以燎原。

　　"过多的欲望所造成之危害甚大"是因为内心的贪念和欲望会使人不断地追求物质、名誉、地位等不必要的事物。过多的追求会导致心念纷乱，并容易引发焦虑、烦恼和不安。这种心态使人无法平静地思考和行动，失去判断能力，从而影响决策和选择的正确性。过多的欲望还会影响到人与人之间的关系，让人们经常为了获得更多的东西而竞争，陷入矛盾和争执。

　　过多的欲望也可能让人过于以自我为中心，忽略他人的需求和感受，从而进一步削弱人与人之间的联结。在过多的欲望的控制下，人们往往忽略了内在的平静和精神的富足。

过多的欲望带来的危害在于，它会让人处于一种不断追逐的状态，无法停下来思考自己真正需要的是什么。这不仅容易引起心理压力，还可能让人失去对生活的真实感知，陷入虚妄的外在追求中。

"一念之所害，就好像星星之火，虽微，却可以燎原"的意思是，贪念和执着是导致烦恼和苦难的根源，即使是一个微小的贪念，也可能在未来造成巨大的影响。就好像星星之火，看似微小，却可以在人们心中迅速蔓延，带来无法预测的后果。

过多的欲望和执着会干扰身心的平衡，因此我们要学习克制和超越这种贪与执，减少情绪上的波动，以中庸之道来平衡与调和，从而保持心灵的平静，更好地应对生活的挑战。

第一百零八节
修身之人,先要止念

修身之人,先要止念。念头如果不止,日夜不眠地一心学习也只不过是劳形而已。这就是受了"欲望与不知足"之害。

"修身之人,先要止念"告诉我们,人的心中常常充斥着各种念头,有些是负面的、无益的,有些会带来困扰和烦恼。如果我们不学会"止念",就无法达到内心的宁静和平静,而这会阻碍我们修身。通过止念和观照念头,我们可以控制和阻止那些无尽涌现的念头。当我们不再执着而能破除无益的念头时,我们就能消除烦恼,获得内心的宁静。

"念头如果不止,日夜不眠地一心学习也只不过是劳形而已"表达了我们在全心投入地学习时，如果无法控制念头，不断被杂念所困扰，那么即使我们付出了很大的努力，也只是在消耗身心的能量，而无法真正深入体验到学习的效果。如果念头不被控制，那么我们即使努力寻求和学习正道也只能停留于表面的劳形。只有"止念"才能让我们真正超越欲望和烦恼。

"这就是受了'欲望与不知足'之害"指出，修身者如果无法克制欲望，无法控制不知足的心，就会受到外在因素的干扰和阻碍。欲望和不知足会导致人们追逐虚浮的外在，而无法专注于提升内在的修养。欲望和不知足也是导致内心不安的主要原因。如果能放下对物质的执念，减少物质欲望，我们就能够获得心灵的平和与自由。如果不能克制欲望，那么我们在修身的过程中很可能会因为无止境的欲望而受害。通过克制欲望和去除不知足，我们能够修身养性，实现内心的平静与和谐。

第一百零九节
知足之足常足矣

　　知足之人，无所不足，无往而不泰然，因为不求身外之物，反得身中"自性之宝"。

　　"知足之人，无所不足"表达了知足之人有一种内在的圆满充足之感。他内心充实，不过度追求外在物质或权力，无论在物质上还是精神上都感到充足。他不会被外在的欲望所困扰，因此远离了贪婪和不满足的困境。他远离贪欲，不执着，放下了对物质的渴望，追求内在的平和，从而达到了心灵的宁静。

　　"无往而不泰然"强调了知足之人的内在平静。对于内心平和的追求让人即使处在不确定的环境中也能够放下执念，从而达到一种无论外在情况如何都能保持内心平静与安定的境界。知足之人对生活中的起伏和变化持有平和的态度；无论遭遇何种情况，他都能够保持心灵的平静和安定；无论面对成功还是失败、得到还是失去，他都能够保持泰然自若的心态，不受外界波动的影响。

"因为不求身外之物，反得身中'自性之宝'"表达了知足之人不被外在物质和欲望所左右，而专注于自身内在的价值，追求内在的"自性之宝"，在自己的智慧中获得心灵的富足。他不追求虚荣的外在成就或物质财富，而是深入内心，发现自己内在的宝藏，也就是"自性之宝"。这包含个体内在的智慧、良知，以及美德。通过专注地培养内在宝藏和追求自我成长，知足者能够逐渐发现自己内在的价值，并从中获得真正的满足感，从而在生活中保持泰然自若的心态。

第一百一十节
消除贪欲、瞋恚和痴念，损去知见

损去知见，除去贪欲，更要排除妄念，将名利虚华一并丢弃。这样才能物我两忘，私欲净尽，达到无为的境界。

在学习正道的过程中，我们应消除贪欲、瞋恚和痴念，并损去知见。"知见"代表着对于世界的执着观念。我们应放下个人执着的观点和见解，让自己与正道相融合，使自己处于无欲无求的状态。"损去知见"意味着谦虚和不固执，这能够促使个人不断学习并取得进步。

"贪欲"指的是对于过度的物质享受的渴望。"消除贪欲"的人能够消除了一切私欲，也就不会被私欲左右，可以自然而然地随着"道"而行动。

"妄念"是干扰内心平静的杂念，而清除无益的烦恼和分心之念即"排除妄念"。排除妄念与杂念能够净化我们的心灵，帮助我们达到心灵的宁静，实现无为的状态，放下名利虚华和物质追求，真正地做到修身养性。

通过丢弃名利虚华，个人能够摆脱束缚，获得内心的平静，达到无为无求的境界；通过放下执着，消除欲望，清除干扰，个人能够做到无我无私，忘记物我之分，从而达到无为的境界，与道的合一，超越自我。

物我两忘，达到无为的境界，能够无为无不为，无私无我，无欲无求，如此，我们就得到了内心的解脱。

第一百一十一节

无为而无不为

达到了无为的境界,就能无所不为了,可是这个"无为"中隐藏着深妙的玄机,它是动中之静、静中之动的无为,是虚中之实、实中之虚的无为。

达到了无为的境界,就能无所不为了

"无为"是无所不为。当一个人达到了无为的境界后,他便不再受到外在的束缚,他的行动会变得自然而然,无拘无束;他能够因应情境的需要而不受任何限制,并且不会执着。"不受限制"并不是无节制地放纵,而是用内在的平静和智慧来指导行动,从而实现无所不为的真正自由。

这个"无为"中隐藏着深妙的玄机

这样的"无为"中隐含着一种动静互换、虚实转化的玄机，体现了超越表象的智慧和理解力。

它是动中之静、静中之动的无为

"无为"并非消极的静止状态，而是指在行动中保持内心的寂静。当一个人达到无为的境界时，他的行动就不再受情绪的影响，他也不会执着或冲动，而能够在行动中保持平静和宁静的内心。他的心就像平静的水面——水虽然是流动的，但水面没有涟漪，保持着宁静的状态。

它是虚中之实、实中之虚的无为

"无为"虽然看似虚无，实际上却包含着真实的智慧和力量。"无为"不是空洞虚幻的，而是一种超越表面现象的深刻理解和洞察。它是虚中的实，因为它的真义超越了表面的虚伪和假象，揭示了内在的真实。它也是实中的虚，因为它超越了一切固有的形式和限制，达到了一种无限广阔的境界。

"无为"有多重含义

1. "无为"可以是一种超越自我执着和私欲而达到无

我的境界——能够化解执着、欲望、烦恼等一切有形、无形的束缚。在这种无为的境界中,我们能够保持内心的寂静,实现对自我的超越,达到真正的自由。

2. "无为"不是完全不做事,而是指顺应自然,不勉强,不强求,让一切随自然而行。"无为"是指在追求心灵的平和与和谐的过程中,与自然同频合一,达到身心的调和。"动中之静、静中之动"意味着在行动中保持内心的寂静。通过静心冥想,我们可以了解万事万物的本然。

3. "无为"不是不做事,而是不为私利行事。这是对真善美的高尚道德的追求。"无为"包括不为不义之事,保持节制,尊重伦理和道德规范。"无为"建立在追求仁义道德的基础上,能够让我们以平和的心态对待外界,实现内心的平静。

总之,"无为"并非消极无为,而是在动中保持平静,在虚实之间保持平衡。它不仅是一种智慧的表现,也是一种自由的状态,能够让人在无拘无束中自然而然地行动。

"无为"将超越自我执着、追求内心的平静、尊重自然、追求仁义道德完美地融合在一起,让我们挣脱自我的束缚,与自然和谐共处。

第一百一十二节

天之无为而四时能行，地之无为而万物能生

"天之无为而四时能行"表达了天下万物的自然运行——四季交替变化，春夏秋冬轮流而至，一切都是自然而然发生的，不需要人为干预。宇宙天地的运行遵循自然规律，自然界中的事物都是按照一定的节奏在运行的。

"地之无为而万物能生"强调了地球是一个自然生态系统。"地之无为"的意思是，大自然的运行是自然而然的，不需要人为干预。正是因为大地的自然运行，各种生物得以在其中生存和繁衍。万物的生命力源于自然界的法则，而非人力的介入。

这句话表达了宇宙自然运行的过程是自然而然的。天地自有一套自然法则，四季更迭、万物生长都不需要人为干预，这体现了"无为而治"的思想。在这种无为的运行中，一切都处于平衡与和谐的状态。自然界运行的无为之道中包含着自然的规律和智慧。以无为的态度去观察自然、生活，从自然中汲取智慧，这样能够帮我们达到身心的和谐与平衡。

这句话也体现了"无我"的概念。天地运行、万物生成皆依循因果法则自然地发生，这种因果法则是自然运行的，不受外在操控。如果我们能超越执着，放下自我，进入无我的境界，与自然相融合，那么我们便能够做到"无为"，获得心灵的宁静和解脱。

随顺自然，不强求，不妄为，摒弃多余的执念与烦恼，学会从自然中汲取智慧，如此，我们便能体悟"大道至简"的思想。真理大道极其简单，没有复杂的细节，却能带来伟大的成就。

  我们应当遵循天地的自然法则,达到万物共生、和谐共处的境界。只有与他人、与自然保持和谐关系,我们才能获得内心的平静,让世界更加和谐。

第一百一十三节
心中圆明的人，自然可以洞见一切

眼前就是法界，心中圆明的人，自然可以洞见一切。

"法界"可以比喻一切现象和其实质，也就是万事万物之间相互依存的关系以及它们存在的本质。

"眼前就是法界"强调了对于当下的觉察和觉知，以及对于万事万物本源的洞见。在日常生活中，每一个瞬间都是"法界"的体现。这也强调了随顺自然的概念，要求我们不妄为，不强求，遵循自然的规律。眼前所见就是万象的表现，我们无须刻意去改变或追求。我们应当活在这个当下，专注于现在，通过对当下的洞察来真正理解事物的本质。

"心中圆明的人"中的"圆明"表示心灵的明亮和清

澈。这种圆明的心态让我们能够去除烦恼和扭曲的思想，以强大的洞察力觉察并洞见事物的真实本质和真相。心中圆明的人能够透过表面现象深入了解事物的本质，进而在自然的运行中找到平衡，实现和谐。这样的人对自己和世界有着深入的洞察，因此能不受外在的干扰，保持平和的心态，更好地理解和回应周遭的一切。

"自然可以洞见一切"表达的是这种清澈、清明的心灵能够让人真正理解事物的本质，看到事物背后的真相。"洞见一切"不仅是一种智慧，也体现了清明的心灵，以及感知世界的洞察力。

我们每天都要花时间去静心，专注于当下的呼吸和感受。由此，我们可以学会观察自己的思绪和情绪——不去判断或追求，只是静静地观察。随着时间的推移，我们开始注意到自己思想的波动和情绪的起伏，也意识到这些都只是暂时的，不是本质的。这种静心观照的内观练习让我们的心灵变得清澈，让我们能够更好地洞察自己和周遭的一切。

通过静心观照来洞察自己的内心或通过观察自然来洞见大道，这能够让我们透过表面现象看到事物的本质和真相。这样的洞察力来自内心的平静和清澈，能够让我们更好地理解自己和世界。

第一百一十四节
不为而成

不需要多余的造作,只要尽己之性。圣贤之人,毫无贪得之心,也没有多余的做作与行为。

"不需要多余的造作,只要尽己之性"提醒我们,不需要刻意装扮自己或做出不真诚的行为。圣贤之人以自然的方式表现自己,自然地流露本性。他的言行中流露出的都是内心深处的真实感受,而不受外在影响。他能抛弃虚伪做作和过度的计较,让心灵自然展现出本性。

"圣贤之人,毫无贪得之心"的意思是,圣贤之人不追求虚荣、名利,他的内心不受物质欲望困扰,也不为外在的利益所动摇。他已摒弃贪得之心,而能保持内心的平静与知足。

"没有多余的做作与行为"表达了圣贤之人的行为和言语都是自然而然的，不需要刻意做作。他不会为了表现自己而做出不真实的举止，而是随着情境自然地行动。当一个人抛弃多余的做作后，其举止自然能让别人感受到真实和亲切。圣贤之人不会矫揉造作，虚伪行事，也不会贪得无厌地追逐外在的成就。

总的来说，这段话告诫我们应放下执念和贪心，达到无我的境界。我们应通过觉察内心的真实本质，超越世俗的表象，回归内心的纯净。我们应做到不执着，无贪欲，自然无为，回归自然，追求真实。我们不应刻意去改变事物自然的运行方式，而应随遇而安，顺其自然。无为的境界能够使人不在意名利，与道合一，不追求虚荣，专注于内心的修养，以无私的心去奉献社会。

第一百一十五节
塞其兑,闭其门,终身不勤

不想让精、气、神外驰,就要塞住人的欲望之口,闭住人的"大贼"之门。能闭塞欲望之口与"大贼"之门,则一辈子受用不尽。闭住这声色货利之门。

"不想让精、气、神外驰",强调了应当避免心灵的浮躁和烦乱,对不必要的思绪和情感保持警惕,不要让欲望、想法和情感过于放纵纷乱,不要因为烦恼和杂念而过度消耗内在能量,不要因过度地思考和过多的激情而使心灵失去平衡,也不要受外在环境的影响,而应保持内心的宁静、稳定。

"塞住人的欲望之口"表达了应当压抑住内心的贪欲,不去追逐无止境的欲望。我们应当控制贪欲,不让欲望主导我们的生活，避免不必要的渴望和追逐，不要陷入虚荣的欲望中，不被个人私欲所困，不受外在诱惑的侵袭。这是一种节制和放下，有助于我们净化心灵，达到不执着的境界，实现心灵的安宁与解脱。

"闭住人的'大贼'之门"的意思是，我们应当保护自己免受外界的诱惑和来自感官的干扰。"大贼"通常指的是烦恼、痛苦等困扰我们的因素。这里要求我们闭塞"门户"，不让这些苦恼进入，从而让心灵得到宁静。如果我们能够控制自己的情绪，培养正念，就能够防范"大贼"，使心境更为平和。我们应当断除贪欲，防范与警惕外界的诱惑与干扰，这样才能保持不执着的心态，进而获得内在的平静与自在。

"能闭塞欲望之口与'大贼'之门，则一辈子受用不尽"指的是，如果一个人能够控制、克制自己的欲望，不被欲望所左右，那么他将能够达到内在的平静和满足。这里的"口"和"门"比喻欲望的源头，也可以被理解为言语和行动。"一辈子受用不尽"表明，这个人在生活中充满满足感和喜悦之情，而不会受外界的影响。这种满足感来自内在的富足和平静，而不是来自对外在物质的无止境的追求。人们应当学会克制欲望，保持内心平和，如此便能享受内在的富足和喜悦，受益终身。

"闭住这声色货利之门"表达了一种生活态度，强调了应当远离世俗的诱惑，追求内在的宁静与清净。"声色货利"代表了世间的种种诱惑，包括物质财富、感官享受、权力地位等。"闭住这门"，意味着有意识地远离这些诱惑，不被外界的喧嚣所干扰，不被表面的浮华所迷惑，而追求更真实、更有深度的人生价值。生活中充斥着各种物质上的诱惑，而"闭住这门"象征着放下对物质的无休止的追逐。这种态度呼应了对内在修养的追求。我们可以通过隔绝外在的诱惑与干扰，将注意力转向内在，追求灵性的成长和内在的清净。

第一百一十六节
见小曰明，守柔曰强

　　能够察觉微小事物的人，才是明白大道的人；能够守着柔弱之道的人，才是真正强大之人。

　　"能够察觉微小事物的人，才是明白大道的人"说的是，真正明白真理大道的人并不只是专注于表面的事物和现象，而是能够深入到微小细节中，通过细致的观察来洞悉事物的本质和真相。在日常生活中，我们经常容易被大事所吸引，而忽略了微小事物中所蕴含的价值和意义。殊不知，"微处有妙意，显处有秘意"。能够察觉微小事物的人，有很高的敏感度，他能够通过对微细事物的观察来洞悉整个宇宙的运行和规律，从而获得更深层次的理解和智慧。

世界是由无数微小的元素组成的。我们可以通过察觉微小事物的变化和细节来理解宇宙的运行和本质及其背后的大道。每个细微的事物都是整体的一部分，它们彼此关联，共同反映了宇宙的真相。通过对微小事物的观察和体验，我们可以逐渐揭示出它们深远的联结，从而理解宇宙中的法则。

能够察觉微小事物的人，通常具备细致的观察力和深刻内省的能力。这种内省式的观照、觉知帮助我们更深入地了解自己，发现内心的想法、情感和倾向。通过对自身内在的洞察，我们能够解放自己，避免过度的自我执着，从而实现心灵成长和自我超越。

"道"是宇宙运行的根本法则，而我们可以通过微观世界来领悟这些法则。微小事物中存在着自然的变化和运动，我们可以试着通过观察微细的事物来理解宇宙的运行模式。

从另一个维度来说，我们应当通过观照一切现象的无常、无我的特性以及细致观察一切生命的微妙变化，来了解人生的真相。

"能够守着柔弱之道的人，才是真正强大之人"表达了真正的强大不在于拥有外在力量，而在于能够守持柔弱之道。"柔弱"指的是有很强的适应性、灵活性，以及不执着的态度。"柔弱之道"使人能够适应变化，有韧性地面对困难和挑战，避免无谓的冲突，保持内在的力量和意志，不被外在的波动所影响，始终保持内心的稳定和坚强，从而更容易达到真正的胜利。

"守着柔弱之道"体现了不执着、无执念与不强求的态度，这种柔软的态度能够让人克服困难，适应自然，柔和、宽容、心怀善意地处理冲突，在生活中达到和谐，与人和睦相处，保持内在的平静，从而实现真正的强大和心灵的成长。

第一百一十七节
心德内外相应,才能归于灵明觉悟之中

反省内观,使心德内外相应,这样才能归于灵明觉悟之中,身心无挂,安然自得。

"反省内观,使心德内外相应,这样才能归于灵明觉悟之中"的意思是,我们需要从外在转向内在,反思自己的内心世界和行为。通过反省内观,我们意识到了内在的自我,以及我们真实的情感、思想和价值观。这种内在的反省是心灵觉醒的起点,让我们开始追求更深刻的内心真相,并透过表面更深入地探索本质。

"心德内外相应"中的"心"指的是内心的情感和想法,"德"指的是品德和道德。这里强调的是,内在的修养和外在的行为应协调一致。心灵成长不仅体现在内

在的修养上，也体现在我们待人和处事的行动和方法上。

当我们能做到内外和谐一致时，我们的心和行为都能够反映出正确的价值观和道德标准，这样有助于灵性的觉醒。

"归于灵明觉悟之中"表达了通过内在的自我探索、反思、观照和学习，我们能够让心灵更加清明，并且能够更深刻地理解自己和宇宙，超越表面的假象，达到更高层次的觉知、觉醒。"灵明"涉及透彻的见解，"觉悟"则涉及破除世俗诱惑的理解。如此，我们才能洞悉更深层次的真相，体验到灵性的觉醒。

"身心无挂，安然自得"中的"身心无挂"指的是当我们不再执着于物质、情感或想法时，我们能够达到一种内在自由的境界，不受外在事物的干扰和纠缠，不被情绪、欲望等所困扰。这种"无挂"体现了内在的平静，能使我们更专注于当下，不被过去和未来所困扰。这种自由的境界让我们远离内心的挂碍，不再受外在世界的干扰。

"安然自得"表达了当我们达到身心的平静和协调时,我们能够自然地感受到内在的安宁和满足。这种状态使我们不再追逐外在的东西,而能在心中找到真正的安宁和满足。

第一百一十八节
保守太和之气

婴儿终日地号哭，声音仍不沙哑，这就是保守太和之气已达到极致的表现！

在一个人还是婴儿时，他的身体机能处于一种理想状态，能够自然地保持内外平衡。他无惧疲劳，声音清亮，表现出充沛的能量和生命力。当婴儿体验到需求未被满足或身体不适时，他会通过号哭来表达，而他的声音并不会因为持续哭泣而变得沙哑。这表明他的身体机能处于良好的状态，他保持着充足的生命力。

古人讲，"精足不思淫，气足不思食，神足不思眠"。保住精、气、神就是"保守太和之气"。

婴儿在刚来到世界上时，处于一种纯真、无垢的状态。纯真和无垢象征着人们的本性，每个人都是带着纯真和无垢的特质进入这个世界的。

我们要珍惜生命原初的美好，回归自然纯真的状态，并保护和培养这种无垢的氛围——无论是在内心还是在周围的环境中。我们要去除执念与虚假的表象，恢复纯真的本性，使心灵能够回到这种纯真、无垢的状态，并逐渐觉醒。

第一百一十九节
知和曰常

如不能保持这些太和之气,我们就会"欲心动"而神乱,"瞋心动"而气耗,"情心动"而精散,这就是我们不能返回先天真常之道的原因!

这段话表达了在修身时和生活中保持平衡和纯真的重要性。当我们无法保持内在的太和之气时,我们会陷入"欲心动""瞋心动""情心动"的状态,而远离先天真常之道。

"太和之气"指的是内在的生命能量,它能够维持平衡,并且有助于身体、心灵的健康成长。这种平衡是一种自然的状态,能够让我们保持心灵的清明、身体的健康,以及情感的稳定。通过保持太和之气,我们能够在生活中保持内在的安宁与和谐，不受外界因素的影响。

"欲心动"指的是因为欲望而心烦意乱，无法保持平静。当我们追求物质和感官的满足时，我们的内心可能会被无尽的欲望所困扰，从而失去平衡和安宁。

"瞋心动"指的是因为愤怒和嫉妒而情绪不稳定，容易生气和怨恨。这种情绪状态不仅会影响我们的内心平和，还可能对身体健康造成不良影响。

"情心动"指的是由于情感波动而内心不安定，这可能导致情感的过度消耗。过多的情感波动会损耗我们的心灵，影响我们的精神状态。

"先天真常之道"中的"先天"意味着最初的、原初的，指的是宇宙的起源与根本。"真常"表示"真实恒常"，也是永恒不变的真实本性。"先天真常之道"是指宇宙本源的真实本性和恒常的法则，也可以说是人类内在的纯真、无垢的本质。如果无法保持太和之气，那么我们的内在平衡会被破坏，心灵会被困扰。这种情况使我们无法回归内在的纯真和无垢的本质，无法保持内心的清明和平静，更无法实现心灵的成长和境界的提升。

宇宙万物皆由"道"生成，"道"是一切存在的根本和本质。我们应当回到这个"先天真常之道"的本源，回归自己的本性，与"道"合一。我们需要放下一切执念，远离世俗的追求，遵循自然法则，学习内观和静心的方法，以达到心灵的清明与平和，如此，我们就能亲近"先天真常之道"。

第一百二十节
保养先天太和之气,以增益寿命

保养先天太和之气,以增益寿命。世人费尽毕生精力,迷于身外之见,受到外物之染,迷失了自己的本性;他们常常为谋求衣食而操劳,却伤了生命。

"保养先天太和之气"指的是维持人体内在原本的生命能量的平衡与身心的和谐。

身心的和谐和内在生命能量的平衡不仅对身体健康有益,还有助于提升心灵的境界。保养太和之气可以使人们充满活力,增长寿命,保持内外平衡。这种生命能量的平衡不仅有助于身体健康,还能够让内心更加宁静,让心灵不断成长。我们可以通过养生、调息、学习、合理的饮食、运动和正向的生活态度等来保持内心的宁静,进而实现身心的和谐，更深刻地领悟长生之道。

"世人费尽毕生精力，迷于身外之见，受到外物之染，迷失了自己的本性"强调了现代社会中人们容易被物质欲望、外在诱惑所困，而失去内在的本性和精神追求。我们往往会在追逐物质财富、社会地位等方面投入大量的时间和精力，反而远离了自己真正的需求和内在价值，忽视了内在灵性的培养。这可能会导致内心空虚不安，使我们远离内在的真实本性。

"常常为谋求衣食而操劳，却伤了生命"的意思是，我们常常因为追求基本的生活需求，如衣食住行，而疲惫不堪，削弱了自己的生命力。过度的操劳和疲惫可能对身体和心灵造成伤害，有损于身体健康和内心的平静。这提醒我们要平衡生活和工作，在追求外在物质满足的同时更要关注内在的平和和心灵的富足。

第一百二十一节
摄养生命，了解真正的生死之道

会摄养生命的人，才了解真正的生死之道，超越生死的界限。他不会为生感到喜悦，也不会为死感到悲哀。

"摄养生命"指的是保持身心的平衡、和谐，以维护生命。这体现了一种内在的修身和养生的方式，通过这种方式，人们能够更深刻地理解生命的真谛，包括生与死的本质。这种理解不局限于表面的现象，而是指向了生命的更深层次。通过摄养生命，人们能够超越对生的执着和对死的恐惧，理解生死的真实本质。

"超越生死的界限"强调了对生死的表面现象和世俗观点的超越。这种超越意味着不再受困于对生的执着和对死的恐惧，而能够理解到生死只是一种现象。这种理解使人们超越了生死的界限,进入了更高的境界。

"不会为生感到喜悦,也不会为死感到悲哀"体现了内在的平静和超然。通过理解生死的真实本质,人们不再因生命中的变故和起落而产生情绪波动。无论是在生命中的欢乐时刻还是在面对死亡的时刻,都能保持内心平静,不起波澜——这种境界使人们不再对外界的变化极度敏感,而能保持一种超然的态度,超越世俗的限制,获得更深层次的生命意义和觉醒。

第一百二十二节
悟道的人，心与道合

圣贤之人尽其本性，就是尽其道；圣贤之人之本性，就是行其道。悟道的人，心与道合。

"圣贤之人尽其本性，就是尽其道"中的"本性"指的是人的固有天赋、真实本质。圣贤之人通过深入内省，意识到自己的本性与宇宙的法则是相符的。他不会被表象所迷惑和诱惑，而能按照内在的本性去生活。因为圣贤之人深刻了解自己的本性就是宇宙法则的体现，所以他在日常生活中追求的不仅是个人的成长，更是整个宇宙的和谐。

"圣贤之人之本性，就是行其道"强调了圣贤之人的行为就代表着宇宙的法则。他不仅能在心中觉察、领悟自己的本性，也能通过言行去体现宇宙的法则。他在生活中遵循自己内在的指引，而成为宇宙法则的体现者。圣贤之人的本性就是正道，他通过内在的敬意和外在的行动与正道相符，从而实现自己的使命。

"悟道的人，心与道合"中的"悟道"意味着领悟到宇宙的法则、真理大道。悟道的人通过内省、修身和觉醒，而能够与宇宙的本源相联结，明白道的深远意义。他的内心和宇宙的正道合而为一，因而他不再受情绪、欲望的干扰，能够保持内心的宁静。

圣贤之人在证悟"本性"的过程中，理解到执着和欲望是一切痛苦的根源。通过放下执念，他超越了狭隘的个人利益；通过尽其本性、与道合一，他达到了自在的境界。这种境界有助于个人的成长与宇宙的和谐、平衡，能让人无为地随着自然而运行，顺应宇宙的节奏，而不为个人欲望所困扰。他不会将自我与外界割裂，而能融于宇宙之中。

圣贤之人无须畏惧死亡，因为他已经与大道融为一体。他实现了内心的清净与心灵的纯洁，达到了无我无执的境界，能够超越对生的执着和对死的恐惧。他能够以平和的心态去迎接生命变化，因为他明白自己的存在符合宇宙的法则。如此，他便打破了生死的界限，进入了更高的境界。

第一百二十三节

塞其兑，闭其门，挫其锐，解其纷

有道的人，塞住口舌纷争，关闭七情六欲之门，挫锋芒及锐气，这样才能化解纷扰与烦恼。

塞住口舌纷争

有道的人了解言语的力量，知道口舌之争可能会引起的纷扰和烦恼，因此他学习控制自己的语言，避免与他人争吵和争辩，塞住了口舌纷争。这种自我克制帮助他保持内心的平静，减少不必要的麻烦和摩擦。

关闭七情六欲之门

"七情"指的是喜、怒、忧、思、悲、恐、惊等基本情绪，"六欲"包括见欲、听欲、香欲、味欲、触欲、意欲。有道的人意识到情绪和欲望可能会导致心灵的不安定，因此他努力关闭这些情绪和欲望的门。通过修身，他能够控制情感和感官欲望，保持内在的平静，不受外界刺激的影响，从而达到更深层次的心灵的宁静。

人们通过控制"七情"，可以在喜、怒、哀、乐等情绪之间保持平衡，较少被情绪左右。这种内在的情绪调节使人们能够在不同情况下保持冷静，更好地应对生活的挑战。

挫锋芒及锐气

有道的人明白清高和自我价值感可能引起的傲慢，也深刻了解傲慢可能产生的负面影响，以及这种心态对心灵的困扰，因此他在面对挫折和困难时能够谦虚地处理成功和失败，保持谦卑和平和。他不会被外在的成功或失败所左右，而能够保持内在的坚定和宁静。通过挫锋芒及锐气，他能够保持谦逊，不被自我价值感所左右。这种谦逊使他能够超越自我，更好地理解他人，建立更和谐的人际关系。

自我克制、情绪控制和谦卑的心态能够帮助我们从纷扰和烦恼中解脱出来，保持内在的宁静与平和，走向一种不受生活起落影响的境界。

第一百二十四节

配合天地之德，顺其古道

精神不妄泄，淡然无欲，心同虚空，不染情欲。节省自己的精神而不妄泄，所以才能精神饱满。配合天地之德，顺其古道！

这段话描述了一种具有较高修养的境界，强调了克制情欲、保持心灵清明、节省精神，并建议人们通过培养这种修养来实现精神的饱满和元气的恢复，最终以天地之德为引导，帮助他人，让世界更加和谐。

"精神不妄泄，淡然无欲"强调了内在的修养和控制力，告诫我们不应让过度的情感和欲望占据心灵，而应有意识地克制情感和欲望，使心灵保持清明，没有纷扰。这样的修养使人能够达到一种内在的平静和自由，不再受到外界的诱惑，不再被外界的波澜所左右。

"心同虚空，不染情欲"中的"心同虚空"强调内心应如虚空一般清净无尘，没有执念。具有这种心态的有道之人能够保持内心的纯洁，不被情欲所染。他超越了情感和欲望的控制，而能够使心灵充满平静和安定。

"节省自己的精神而不妄泄，所以才能精神饱满"强调了一种有节制的、适度的生活态度。节省自己的精神而不妄泄，避免心神散乱和不必要的消耗——这样能使我们保持精神的饱满和充沛，有足够的能量用于内在修养的提升和个人的成长。

"配合天地之德，顺其古道"表达了我们应当与天地之德相符，顺从宇宙的法则和自然的道路。这种"配合"与"顺从"不是盲目的服从，而是在内在修养的基础上与宇宙的运行相协调。通过这种方式，有道之人能够发挥更大的影响，将个人的修养与社会的需要结合起来，达到更高的境界。

综合来说，这段话描述了一种更高的境界，强调了内在的修养。通过克制情欲、调和气场、提升能量、保持心灵清明，有道之人能够恢复元气，实现身心灵的和谐。他最终会投身于帮助他人、改变世界的事业中，并且在这个过程中顺应天地之德。这种修养和境界展示了一种内外和谐，这种和谐也体现在他与宇宙的联结及共振中和他自在的生活方式中。

第一百二十五节
取之于众生，用之于众生

若有德配其所得，也只是取之于众生，用之于众生而已。

"德配其所得"要求我们在获得或拥有某种品质、能力、资源时保持谦逊的态度。谦逊体现了尊重和感恩，让我们不会因为拥有某种特点、优势而骄傲自大或忽视他人的价值。从另一个层面来看，如果一个人的德行能配其所得，他便承载得起自己所拥有的一切，这就是所谓的"厚德载物"。这种"所得"也可以是地位——"德配其位"体现了平衡与和谐。

"取之于众生，用之于众生"强调了我们在生活中所获得的德行、知识、财富等实际上都来自众生。这里的

"众生"泛指我们所处的世界及其中的一切。所以我们应该意识到自己并不是孤立的，而是与众生共同存在的，而我们的德行和资源也应该用来造福众生，服务社会和他人，以实现共同的利益。

这提醒我们要克制自私自利之心。我们应将自己所拥有的德行和资源视为大家所共有的，并且用之来回馈大家，以实现共同的利益。如此，我们就能够超越个人私利，实现更高层次的价值和意义。

通过尊重他人、服务社会，我们能够回归共同的利益，与他人和谐相处。这种做法有助于减少嫉妒、争斗和不平等，以及创造更美好的社会环境，也有助于促进个人成长、社会和谐，以及整个人类的进步。"我们生活在共同的环境中"这样的观点有助于我们摒弃孤立的自我观念，意识到我们是环境的一部分，意识到我们所拥有的一切实际上都是众生的共同财富。这种认识激励着我们将所得之物用来造福他人,回报这个世界,改善社会环境。

通过共享和互助,我们能够创造更平等的机会,实现人与人之间的共融。

第一百二十六节
有超脱之心，能够超出生死的表象

"超脱之心"意味着心灵的自由，是一种内在的状态。它有助于减少对世俗的执着和实现内在自由，能够使人超越情感的束缚，不受外界纷扰的影响。当我们超越情感、执着和表面的变化时，我们就能够实现一种自由，不再受到外界波动的影响。这种自由不仅体现在情感上，还体现在对生死的理解上。

"超出生死的表象"意味着超越世俗现象，达到一种超然的状态，不再被生死所困扰。世俗现象多是"表象"，生与死具有相对性，其中的变化和变迁也几乎都是表象，而"真实本质"超越了生死的表象。

具有超脱之心的人能够超越生死的表面现象，意识到生死只是一种表面的变化，而我们的本质是持久且超越表面现象的。超脱之心能够使人深刻理解这种表象与本质的对立，超越表面的变化，意识到自己的真实本质不受生死的限制。

"超出生死的表象"也意味着超越有限的存在，进入无限的"道"的境界。在这样的境界中，生死只是变化规律的一部分。我们如果能够与"道"合一，就能够超越情感、执念和世俗的束缚，实现内在的自由。

执着和欲望是引起痛苦和愚昧的根本原因。通过消除执念，深入内观，我们可以实现"解脱"，达到不执着的、无限的境界。我们能够超越世俗的束缚，认识到生死只停留在现象层面，进而了解生死的真实本质，超越表面的变化，获得心灵的解脱，进入一种超然的意识境界。

第一百二十七节
超越外在的名利,以内在价值和宝藏为指引

不贪慕荣华富贵、虚名地位,他的心灵中时时怀有宝珠;外在的形象,以及褒贬毁誉,都不能影响他本心的自在。

"不贪慕荣华富贵、虚名地位"强调了对于外在名利的超越。当一个人不贪求虚名、地位和物质财富时,他的内心就不会被这些世俗的追求所左右。这样的人关注的是内在价值和精神成长,而不是外在的社会评价。

"不贪慕荣华富贵、虚名地位"意味着一个人能够克服贪欲和执念,超越世俗的欲望追求,进入一种不执着、无烦恼的境界。他不会因虚荣心和追求虚名而感到烦恼,

而能够追求内在的智慧、自在和平静与心灵的解脱。

"他的心灵中时时怀有宝珠"中的"宝珠"象征着心灵的光明本性和智慧,是人们内在的宝藏。这样的人拥有智慧、光明本性,并能保持内心的平静。无论外在环境如何变化,他的内在价值和宝藏都不会受到影响。

"外在的形象,以及褒贬毁誉,都不能影响他本心的自在"强调了一个人对于外界评价的超越。他的自在来自对自己内在价值的确信,而不是外界的赞美或肯定。因此,他内在的自在不会受到外界的评价和意见的影响;他能保持内在的平静和自由,而不会被外界的氛围所左右。这样的人不会被外在的虚名、地位、形象和评价所困扰,因为他的内在价值和宝藏始终指引着他,使他在世俗环境中保持不动心的自在。

第一百二十八节
回到原本天真纯朴的世界里,获得祥和与清静

虚心恬淡,不妄动,不纵欲,不贪慕享乐,归于清正,归于纯朴。回到原本天真纯朴的世界里,获得祥和与清静。

"虚心恬淡"中的"虚心"是一种不傲慢的、愿意聆听和学习的心态;"恬淡"表示情感淡泊而不受情绪波动的影响,意味着心灵的宁静能够让人避免情绪波动和内心纷扰。"虚心恬淡"的心态让人能够接纳各种不同的观点和经验,在一切事物和经验面前都保持开放的心态,不自恃过高,也不自负。这样的人不会被固有的偏见所限制,而能拥有心灵的平和与自在,保持平静和坦然。

"不妄动，不纵欲，不贪慕享乐"强调了懂得节制和避免过度追求感官享乐的重要性。"不妄动"指的是不让外在的刺激和波动影响内心的平静，从而保持内心的安定。"不纵欲"意味着避免过多的渴望和欲望，不放任泛滥的情感和欲望，控制内心的渴望，从而保持内心的平和。"不贪慕享乐"则表示不执着于物质享受，不追求短暂的感官快乐。他明白，过度追求享乐可以带来短暂的感官上的满足，却不能带来更深层次的内在满足和喜悦。

"归于清正，归于纯朴"中的"归于清正"意味着回归正直和纯洁的行为准则。这不仅要求我们正直地对待他人，还要求我们保持内心的纯洁，远离欺骗、虚伪和不道德的行为，从而保持内在的洁净。"纯朴"表示内在的纯真与单纯心态；"归于纯朴"意味着不会受到世俗的繁华和虚荣的干扰，也不会被世俗的褒贬和变化所影响。

"回到原本天真纯朴的世界里，获得祥和与清静"表达了回归内心的本源，重返天真纯朴的状态。我们应当找回最初的纯朴和天真，回归内心的本真。这个本真的世界是一个纯净的内在空间，不受外在干扰。当我们回归这个纯朴的世界时，我们就会体验到归复带来的"祥和"——内在的平和与和谐，以及"清静"——内心的寂静和安宁。这种归复能够使我们远离世俗的喧嚣，体验到纯净的内在状态。

这段话所描述的生活态度和方式反映了一种以恬淡、纯朴为本的生活哲学。通过保持虚心、克制欲望、回归清正纯朴的本源，我们可以实现深层次的祥和与清静。

这段话提醒我们应通过提升内在修养和探索心灵来达到内在的平静与自在，回归纯朴。这种做法反映了对内在价值的尊重和对生活真谛的深刻体悟。

第一百二十九节
清心寡欲、恬淡虚静,才是真正宝重自己的生命

唯有清心寡欲、恬淡虚静,才是真正宝重自己的生命;自奉太高、纵欲太甚,反而是轻视自己的生命。刚强顽固,就是想快点儿迈向灭亡;谦卑柔弱,才能走向永恒。

"清心寡欲、恬淡虚静"强调了清除内心的杂念和欲望能够使内心保持纯洁与平和。"寡欲"指的是避免过度地追求物质财富和感官享受,保持内心的节制和平衡;"恬淡虚静"则体现了淡然的心态。通过克制欲望、凡心和执念,我们能够不受外在世界的干扰和影响,进而获得心灵的平静和内在的自由。

"真正宝重自己的生命"是指，清心寡欲和恬淡虚静的心态，让我们能真正珍惜和尊重自己的生命，找到内心的平静和富足，不再追求外界的物质和虚荣。谦逊克己的态度使我们能够克制欲望，不再受它的束缚，从而真正做到宝重生命。

"自奉太高、纵欲太甚，反而是轻视自己的生命"告诉我们应避免过度地自我陶醉和放纵欲望，适度地自爱和自我克制。过度地自我陶醉可能会让我们变得骄傲和自大，也可能使我们忽视人际关系和道德价值，失去谦卑和平衡。同样地，过度地放纵欲望可能会伤害到我们的心灵和品德，导致内心的不安和混乱。而谦卑和自我克制的态度能够帮助我们保持内心的平和，追求内在的完善。

"刚强顽固，就是想快点儿迈向灭亡；谦卑柔弱，才能走向永恒"的意思是，过于刚强和顽固的人可能会忽略内心的需求，过度地追求自己的意志和目标，却忽视了内心的平静与和谐。相对地，谦卑而柔和的态度更容易让我们走向永恒,并获得永久的平静与和谐。

通过避免竞争和执着,我们可以回归本然,与自然和谐共处,实现内在与外在的平和,让生命得以延续。

第一百三十节

万物在平衡又调和的情况下生生化化,调节运转

壮大的树木,反而要遭受砍伐。万物在平衡又调和的情况下生生化化,调节运转。

壮大的树木,反而要遭受砍伐

人生中的功勋和成就往往会伴随着一些不可避免的挑战和困难,但这些挑战和困难也是我们成长和进步的机会。"壮大的树木"代表着成长壮大的生命——它将面临更多的责任和挑战。随着个人的成长和成功,他可能会面临更多的考验。就像一棵壮大的树木可能面临风雨和砍伐一样,个人在生命中的成长也需要经历各种挑战和困难——这是不可避免的。成功和壮大往往会引起他人的嫉

妒和羡慕，甚至会导致他人的攻击和阻挠。就像一棵高大的树容易成为砍伐的目标一样，成功的人也容易成为他人攻击的目标。因此，我们要时刻保持谦虚和谨慎，不要因为自己的成功而得意忘形，以免招致他人的嫉妒和攻击。

换个角度来看，树木壮大之后被砍伐也体现了生命的周期性和变化过程。在自然界中，树木的生长和死亡是一个不断循环的过程，砍伐只是其中的一部分。人生也是一个不断变化和演变的过程，在此过程中，成功和失败会交替出现。这提醒我们要接受生命的起伏和变化，不断成长和进步。

树木一旦壮大就有可能遭受砍伐也反映了生命的无常。一切事物都处于变化发展之种，无法永久保持原状，这也可以被视为自然界中平衡法则的体现。某一物种一旦繁殖过度或发展过快，可能就会导致资源耗尽或生态平衡被打破。因此，自然界会通过调节机制来维持物种之间的平衡。

生生化化，调节运转

生命总是处于变化之中且具有周期性，生长、壮大、衰退、死亡，都是自然界中普遍存在的现象。"生生化化"的过程不仅维持着生态系统的动态平衡，也促进了不同生物的演化和适应。自然界中的万物总是处于调节运转之中，这种调节——可以来自内部的生理机制，也可以来自外部的环境反馈——使生态系统能够适应变化，进而保证了资源的分配、能量的流通，以及不同生物之间的相互作用。万物的生生化化，调节运转，体现了因果律。每个行为都会产生影响，而自然界会通过调节来平衡这些影响。

第一百三十一节

圣贤之人，虚静恬淡，不与人纷争计较

不与人纷争，也不执着于得失，所以没有失意的痛苦。圣贤之人，虚静恬淡，不与人纷争计较；即使有恩于人，也不惦念。

"不与人纷争，也不执着于得失，所以没有失意的痛苦"强调了应当尊重他人，避免纷争，从而建立和谐的人际关系。"不执着于得失"意味着超越了物质和情感的束缚，不与人争执，去除得失心，因此不会陷入失意的痛苦和起落中。通过放下束缚，我们学会了退让和避免竞争，并且以柔软的态度面对外在的困难。

"圣贤之人，虚静恬淡，不与人纷争计较"的意思是，圣贤之人的心是虚静恬淡的，他对物质世界的执念已

经消失或极度减少,不会再被物质追求所困扰,而是一心寻求内在的平静和宁静。这种虚静恬淡的心态使他能够超越世俗的追求。

圣贤之人不与人纷争计较,不被名利之争所困扰。他已经放下了对功名利禄的追求,不再为世俗的权力和地位而奔波。圣贤之人的心是虚静恬淡的,因此他能够从更高的维度看待人生,超越得失,避免情绪波动,获得内在的宁静,展现出智慧和淡泊的生活态度。本着这样一种超越世俗的生活态度,他能够不为物质、名利和情感所困,以平和的心态面对生活的种种。

"即使有恩于人,也不惦念"反映了一种放下个人利益与执着的心态。圣贤之人对他人施以恩惠完全是出于对他人的关爱和慈悲,不会将恩惠视为一种交换,也不会期待任何回报。他怀有一颗无私的、平静的心。

"不惦念"表明了一种不执着的心态。圣贤之人即使给予了他人恩惠,也不会执着于对方的回报或感激。他具有一种超越功利主义的心态，这种心态是纯粹的、无私的，是完全基于对他人的关爱和同情的，不会受到外部因素的干扰。

第一百三十二节
天道无亲

自然界变化发展的规律是最令人钦佩的,因为它养育万物,慈悲为怀,关爱他人,不分亲疏贵贱,公平地施予恩惠。我们应该学习这样的天道。

"天道",即自然界变化发展的规律,体现了慈悲之心和无私之心,也体现了一种无为而治的态度。我们应当适应自然的节奏,放下对于名利的执念,以柔软的态度处理生活中的挑战。这种态度有助于我们保持内心的平静,实现与自然的和谐共生。通过学习自然界的道,我们能够放下自我,关爱他人,培养慈悲心,造福世人。

"关爱他人,不分亲疏贵贱"要求我们尊重每一个人,不轻视弱者,并通过自身的行为做出示范,影响他人。这种观点不仅体现了个人的高尚品德，也有助于建立和谐的社会关系。我们应当培养慈悲之心和无私之心，以善行和高尚的品德去影响周围的世界。

"不分亲疏贵贱，公平地施予恩惠"意味着没有偏私地关爱每一个人。这种无私的爱源于慈悲心，而非基于自我利益的考量。

"天道"也象征着母性的力量。自然界的变化发展规律赋予万物生长和繁衍的力量，让它们得以茁壮成长。这反映出自然的母性力量及无私的爱。我们可以从这种角度学习如何尊重生命、爱护自然，并以同样的慈悲心对待他人。我们可以从自然界中获得启发，学习如何行善、施予恩惠，并在日常生活中实践。

慈悲心和无私的关爱体现了放下自我执着，也反映了自然界的和谐、无为而治、仁爱与克己。我们应当遵循自然之道，尊重他人，不分亲疏贵贱。

第一百三十三节

欲不欲，不贵难得之货，学不学

圣贤之人所欲求的，是一般人所不欲求的；圣贤之人追求的是自在解脱，而不是贵重的金银财宝。圣贤之人所学的，是一般人所不喜欢学的；圣贤之人所学的是内在生命的哲学，而不是如何追求虚荣浮华，玩弄心机——正所谓学不学。

"圣贤之人所欲求的，是一般人所不欲求的"表达了圣贤之人和一般人的价值观存在明显的不同。一般人可能追求外在的财富、名誉和地位，而圣贤之人则追求内在的精神自由和解脱。圣贤之人明白物质追求仅能带来暂时的满足，而真正的幸福和自由来自内在的宁静和智慧。

"圣贤之人追求的是自在解脱，而不是贵重的金银财宝"表达了圣贤之人追求自在解脱,而能超越生死,获得内心的平静;他不会将追求物质财富视为人生的最高目标,而是专注于内在的精神成长和智慧的增长,因为他知道,物质财富的价值只是表面的,而真正的价值在于内心的充实和精神的富足。

"圣贤之人所学的,是一般人所不喜欢学的"的意思是,圣贤之人学习的东西和一般人不同,他关注内在生命的哲学,追求深度思考,而不是追求物质财富和表面的荣誉。圣贤之人喜欢学习有关人生意义、智慧和灵性的知识,这些对于他的成长和幸福至关重要。

"圣贤之人所学的是内在生命的哲学,而不是如何追求虚荣浮华,玩弄心机"强调的是对自我、生命和宇宙的深刻理解。圣贤之人关注的是如何实现内在的平静、智慧和慈悲,以及如何超越一切表面的虚荣和浮华。相比之下,一般人可能更容易被外在的虚荣和浮华所诱惑,并为之费了很多心机,劳心劳力,而忽略了内在生命的成长。

"学不学"的意思就是前面所说的"圣贤之人所学的,是一般人所不喜欢学的",我们也可以将之理解为"学习恢复内在的本性与本能"。内在的本能与本性不是通过学习得来的,而是我们本来就有的。

第一百三十四节

圣贤之人的目标是回归自己的本性和良知

圣贤之人只想回归自己的本性和良知。他提醒世人不要胡作非为,违背自己的良知。圣贤之人的任务太重了,受到的瞩目太多了,所以他更不敢胡作非为而乱了修己治人的方针!

"圣贤之人只想回归自己的本性和良知"指的是,圣贤之人的目标是回归自己的本性和良知,也就是恢复本来的状态,归根复本。这种回归本性的追求,反映了对内在真实自我的认识和重视。

"他提醒世人不要胡作非为,违背自己的良知"指的是,圣贤之人的行为和言语是警示世人的范例,提醒人们不要走向歧途，胡作非为，而违背内在的良知和道德准则。圣贤之人仿佛是一面镜子，让人们反思自己的行为和选择是否与内心的良知一致，并引导人们走上正确的道路。

"圣贤之人的任务太重了，受到的瞩目太多了"的意思是，圣贤之人的任务之所以重大，是因为他的言行代表着道德和真理，他受到世人的关注和注视。他明白自己的行为影响着他人，因此更加努力地保持内心的纯洁和正直，避免造成误导或负面影响。

"他更不敢胡作非为而乱了修己治人的方针"的意思是，由于受到这样多的关注，圣贤之人更加谨慎谦虚，提醒自己不要胡作非为，不敢轻易偏离自己提升修养和救治他人的方针。胡作非为可能是外在诱惑、短视的利益追求等所导致的。

我们要以圣贤之人为榜样，坚守内心的正直和良知，不受外在环境和诱惑的影响，从而避免偏离正道。

第一百三十五节

圣贤之人，为人方正、清廉、正直、心性光明

　　圣贤之人为人的方针是，方正而又没有锐利的棱角，不会割伤他人；清廉而又处事厚道，绝不会疾恶太深或苛刻太甚；正直却绝不会直率得过于放肆；心性光明而绝不炫耀。

　　"方正而又没有锐利的棱角，不会割伤他人"是指圣贤之人的为人方针首先强调了方正的品德，即正直和坚守道德底线。同时，他能够避免露出锐利的棱角，因而不会割伤他人。这种平衡体现了圣贤之人的道德感和善意。他能够将善待他人的原则融入自己为人处世的方针中。

　　"清廉而又处事厚道，绝不会疾恶太深或苛刻太甚"

是指，圣贤之人的清廉表现为处事正直，不贪婪，同时很厚道，不会过于疾恶或苛刻。这种平衡让他能够在面对不同情况时保持自己的原则，并且能够考虑到他人的处境和需要。

"正直却绝不会直率得过于放肆"是指，圣贤之人的正直是其真诚的表现；同时，他意识到过于率直可能会带来不必要的伤害，因此在坚守正直的同时注重以温和的方式表达自己，不会因过于直率而显得放肆，从而避免了不必要的冲突或误解。

"心性光明而绝不炫耀"是指，圣贤之人心性光明，他的内在纯洁且充满善意；他不会因此而炫耀或引人注目，而只是谦虚地做着示范。他这样做只是为了确认个人的内在美德，而不是为了吸引外界的赞誉。

我们可以从其他维度来理解圣贤之人的为人方针。圣贤之人的为人方针体现了"中庸"的思想，即避免过度的执着和放纵，追求平衡和内在的和谐。圣贤之人方正而不伤人，符合"正见"和"正语"的原则，同时避免了极端行为。他清廉而又厚道，体现了"中正"的价值观，不会过度节制，也不会过于宽容，能在正义和慈悲之间找到平衡。他正直却不会过于率直，这也体现了追求节制和平衡、不偏激、不急躁的中庸之道。

圣贤之人的为人方针体现了"无为而治"的思想。他避免露出锐利的棱角，不割伤他人，这体现了无为而达到和谐的原则。同时，圣贤之人的清廉和厚道符合自然界的法则。他不追逐外在的虚荣，而能保持真实和平和。

圣贤之人的为人方针也体现了"仁爱"的价值观。他不会胡作非为，而是遵循仁爱的原则，善待他人。

这段话揭示了圣贤之人为人方针的平衡和温和。他的行为反映了他的正直、善良、谦逊，并且有助于社会的和谐发展。这种为人的方针显示了对他人的尊重和关爱，体现了圣贤之人的内在修养。

第一百三十六节

德行的培养应该成为我们生活中自然而不费力的习惯

我们对德行的培养如果能像起床穿衣服一样日常，那么累积下来的德行一定是深厚自然的，就好比扎根深且固的树能结出丰硕的果实。

"我们对德行的培养如果能像起床穿衣服一样日常"将德行的培养与日常起床穿衣服进行比较，告诫我们，德行的培养应该成为我们生活中自然而不费力的习惯。

德行的培养所要求的不是简单短暂的行为，而是一种持久的生活态度。通过日常生活中的点滴，比如善意的举止、友善的言语，我们能够累积德行。

"累积下来的德行一定是深厚自然的"强调了德行的

深厚和自然。

这种深厚的德行不是一时之功，而是经过长时间的培养和积累所形成的。就像树需要扎根于土壤深处，德行也需要在内心深处生根，这样才能成为我们思想和行为的自然反应。

"就好比扎根深且固的树能结出丰硕的果实"将德行比喻为树根。这告诉我们，深厚的德行能够产生丰富的成果。行为和态度会影响我们的环境，而正面的行为与态度会带来正面的影响。德行的培养不仅有助于自我提升，也有利于人际关系和社会环境的发展。

第一百三十七节
圣贤之人心怀慈悲，热爱万物

无形的生命，可以长久地存在，让人崇敬。圣贤之人心怀慈悲，不伤害万物，理解万物。

"无形的生命，可以长久地存在，让人崇敬"中"无形的生命"代表着精神、思想、道德等不能被直接看见的东西，它们具有崇高的无形的价值。这些无形的价值能够在人们的行为和态度中显现出来，长久地影响和感召他人。这种无形的生命具有示范作用，能够发挥影响力，引导人们修身养性。它们是令人崇敬和尊重的。

"圣贤之人心怀慈悲，不伤害万物，理解万物"强调了圣贤之人的慈悲心与同理心。圣贤之人对万物充满爱和悲悯，不伤害一切生灵。他能够理解万物的内在，并以慈爱的态度对待它们。这展示了圣贤之人高尚的道德水准，以及公正无私的价值观。

第一百三十八节
圣贤之人处事，大公无私，虚无为怀

"圣贤之人处事，大公无私"可以解释为圣贤之人在处事时能将他人和集体的利益放在首位，不受自身需要的局限，不受个人私利的束缚，不分贵贱亲疏，不受环境的影响。这种无私的态度来源于众生平等的观点，能够让人们以公正、公平的态度去处事，以慈悲、仁爱的心去对待他人。

"虚无为怀"指的是，圣贤之人以无欲无执的心态去处事，不执着于特定的结果，不在意成败得失，因此能以平和的态度去迎接生活的变化，以无为的心态去行事，不强求，不逆流而动，随遇而安，顺应自然的运行，不强加干预，始终保持内心的平静和宽容。

　　这样的处事方式让圣贤之人能够摆脱世俗的困扰，融入自然，达到无为而无不为的境界。

第一百三十九节
培养无形的道德，让人内心充实，在面对变化时保持坚定

建立有形的东西，容易被拔去；购置有形的物品，容易被取走；唯有道德，无形地存在于心中，不容易被拔去，不容易被取走。

世间的一切事物皆是无常的，即使是有形的物品也会随时间而改变，消失。建立有形的东西或购置有形的物品，体现了对世俗的执着和贪欲，会让人陷入烦恼之中。建立有形的东西和购置有形的物品只是在追求表象，虽然这样可以带来暂时的满足，但这种满足感很容易就会被拔去，随之而来的是空虚和无常的感受。

相对而言，培养无形的道德，如善良、谦虚、仁爱、

忠诚、正直、公正等，不仅能够让人内心充实，还能够让人在面对变化时保持坚定和内心的平静与安宁。道德存在于内心深处，不会受到外在变化的影响。圣贤之人以内心的道德为指引，因此不会被物质所左右，不受外界环境的影响，而能保持内心的清净和坚强。

通过培养不执着的心态，我们可以超越对有形物品的依赖，实现内在的解脱。真正的财富不在于外在的物质，而在于内心的修养。圣贤之人能够超越物质的束缚，以不执着的态度面对一切变化，如此就能实现"不容易被拔去，不容易被取走"。

第一百四十节

天下之至柔，驰骋天下之至坚

水虽然很柔弱，却能够穿山透地。无形、柔弱的力量，往往能胜过有形刚健的物体。圣贤之人是柔弱的，他常以身作则，身体力行，而这种身教的力量胜于言教。母亲是柔弱的，可是每个人的生长都离不开母亲的怀抱。

水的力量虽然柔弱却持久。"柔弱"这个美德，比强硬的力量更能影响人心。如同水的柔弱而持久的影响力，无为的影响力也能够穿越障碍，穿越时空。无为的力量可以影响人心，影响后世。

圣贤之人虽然在现实生活中是柔弱的，但他的德行和作为却能够穿越千年，影响后人的价值观、态度和行为。

我们若能够以柔软的德行和慈悲心对待他人，以身作则，践行道德，那么这种柔软的力量就能够在静默无言中影响人心，使他人自然而然地信服。

德行的力量，能够通过无形的存在和无言的示范在人们心中留下深远的影响，并引导人们朝向更高的层面发展。柔弱而无争的态度，能够打破刚强的障碍，创造和谐的环境。

水具有慈悲的品质，能够包容万物，养育生命，就像母亲的怀抱一样。圣贤之人具有慈悲心，能够帮助众人。

第一百四十一节

个人的修养和德行建立在细小事务的基础之上

圣贤之人总是先从细小容易的事情做起,而不是一下子就想做大事。他在根基稳固后,终能成就一番大事业。而一般人往往轻视那些小事情。

圣贤之人常常从小事做起,从容易的事情开始。这些小事务帮助他养成了高尚的德行。从细微之处修身养性,使他在做大事时有更稳固的根基。

这种德行和修养的累积,让他在面对大事时更有实力,更有信心,更有成功的把握,也能够更有效地影响他人。

一般人往往忽视了细小事务和德行修养的培养,而一味追求外在的虚名和功勋，着眼于外在的表现。如此，他们便忽略了德行的根基，而有损于做事时的表现、影响力与达成目标的可能性。

修身养性是一个循序渐进的过程，我们可以从小的进步开始，逐渐提升境界。如果能遵循内心的指引，通过细微的事务不断让自己得到锻炼与提升，那么我们终可以获得智慧，摆脱束缚。

"先从细小容易的事情做起"体现了累积的重要性。圣贤之人明白培养高尚的德行不能一蹴而就，而要在日常生活中细心积累。个人的修养和德行建立在细小事务的基础之上。尊重他人、守信用、履行承诺，这些看似微小的行为累积起来就会提升一个人的品德和处事能力，并且能够提升他在社会中的影响力。

第一百四十二节

知者不博，守一而万事毕

求真知与大智慧者，其知识不必广博。广博反而会导致"知障"。是以圣贤之人"守一而万事毕"。

求真知与大智慧者，其知识不必广博

寻求真正的知识和智慧的人，他的焦点是寻找深层的、根本的真理，而不是追求表面上的广博知识。这样的智者致力于了解事物的本质和规则，他寻求的是能够深刻理解事物的洞察力和智慧。

广博反而会导致"知障"

尽管社会知识可能涵盖广泛的领域和议题，但对于求真知的智者来说，广博的知识反而可能成为获取知识的障碍。这是因为过多的表面知识可能使人分心，无法专注于深入思考和探求真理。

之所以会形成"知障"是因为过多的知识反而阻碍了人对于深层真理的理解和洞察。过多的表面知识可能让人陷入细节和琐碎之事，而无法获得更深的智慧。在这种情况下，广博的知识反而会阻碍人们寻找真正的智慧。广博的知识可能会成为负担，使人执着于世俗事物，而分散注意力，难以专注于内在探索。

是以圣贤之人"守一而万事毕"

"守一而万事毕"体现了圣贤之人的智慧和修养。他能够守持一个基本的原则，然后由此来理解万事万物。这种守一的原则使他能够避免知识的杂乱性，并能够从知识中领悟出更深的智慧。圣贤之人不会因表面的知识分散精力，而是专注于探求核心的真理，深入理解各种事物。

静心内观有助于我们超越社会知识所带来的干扰，寻找内在的真理和智慧。对于追求真知的智者来说，他可以通过保持内心的静与定，专注于自己的本性，避免被外在的社会知识所干扰,从而获得真正的洞察力和智慧。保持内心的平静和专注,让他能够更深刻地领悟真理,进而实现自身的成长。

第一百四十三节

利而不害，为而不争

爱万物，正如天道利万物而不去侵害万物，调和万物而不与万物相争。没有所谓的仇视与敌对，因为他已把万物看成一体。

"爱万物"是一种博爱的精神，意味着一个人对世界万物持有一种爱护、同情、包容、尊重的态度。这种精神不仅体现为对自然界的理解与欣赏，也体现为能够启发他人，促使人们更加关注环境保护、文化保育和人类的共同进步。这种同情、爱护万物的态度根源于自身与万物相连的深层意识。

"正如天道利万物而不去侵害万物，调和万物而不与万物相争"强调了自然规律是一种无私、平和与调和的原则。自然界的运行没有强迫性，而能和谐、平和地维持万物的平衡，不去侵害万物，不与万物相争。这是一种超越利己主义和竞争法则的精神，体现了和谐的世界观，让每个生命都能够在共生共存中繁荣发展。这是一种深刻的尊重和爱护，体现了对生命价值的理解。

"没有所谓的仇视与敌对，因为他已把万物看成一体"强调了一种整体观。将万物看成一体意味着超越了分别和隔阂，能将一切事物视为相互依存的一部分。这种观点促使人们远离疏离、仇视和敌对的情感，培养出一种平和、慈爱和共融的态度。

第一百四十四节
高以下为基

高尚要以低下为根基,才能契合机缘;没有分别之心,才能和合。

高尚的人应该保持谦卑的态度,意识到自己的高贵是建立在平凡、低下的基础之上的。他不应该骄傲自大,而应该时刻牢记自己的普通平凡之处。接受低下的部分作为自己的根基,意味着能够包容一切,无论是美好的还是不完美的。

这种包容性使得高尚的人能够与各种人、事、物相契合,能够处理各种挑战和变化。当高尚的品质能以低下的根基为支撑时,一个人便能真正与一切机缘相契合了。

"契合机缘"意味着能够适应和应对生活中的种种变

化和挑战，不会因外在环境的改变而失去内在的平衡和稳定。我们在拥有高尚的品质时仍应保持低调、谦虚，这样才能真正与世间的一切机缘相契合。

高尚要以低下为根基的观点强调了谦虚、无我、无分别的态度。这种态度不仅体现了一个人的道德修养，也体现了一种生活智慧。高尚的人应该谦虚谨慎，不自负，不将自己置于高高在上的位置。他应该以平等、谦卑的态度对待别人，尊重他人的观点和感受。这样的态度为高尚的品性提供了稳固的基础。

通过放下分别之心，人们能够超越对高尚和低下的比较与评价，不再执着于个人好恶，从而达到内心的平静与和谐。在这样的境界中，人们能够以平等的心态对待一切现象，与万物和合，放下私利益，没有分别心。

高尚的品德应该以卑下的态度为根基，高尚的人应该谦虚地看待自己，不自视过高，也不看轻他人。这种谦虚和包容的态度，让人能够更好地理解不同的人和事并与之相契合。

　　高尚的人应当放下执着，没有分别之心地面对一切现象。只有消除了分别之心和彼此之间的界限，他方能与他人和合。如同一滴水，没有包着一层保护膜，因此不会被阻隔，而能融入大海，与大海合为一体。不执着的态度，让人可以与他人和谐相处，能够自然地融入一切，契合一切机缘，与自然和谐相处。

第一百四十五节
道不虚行，应缘而运

不带成见，心量有容，仁者心中没有敌人，所以仁者无敌。天道无私，所以道不虚行，应缘而运。

"不带成见，心量有容"意味着超越与他人的界限，超越分别之心，放下执着和偏见，以开放、接纳和包容的态度对待自己、他人和世界。如果能够做到不受成见、偏见和情感的干扰，全面理解和包容一切事物，坦然地迎接各种变化，那么我们便能够脱离苦难，实现内心的平静和解脱。

这体现了智者的心态。平等地对待他人能够让我们更好地融入自然的大道。

"仁者心中没有敌人，所以仁者无敌"强调了仁爱之心的强大力量。当一个人不会轻易将他人视为敌人，而能够以仁爱和同情的眼光看待他人时，他就能够建立友善的关系，消除对立和敌意。这种仁者之心的力量是无敌的，不仅能够减少纠纷，还能促进和平与和谐。

不轻易将他人视为敌人的人拥有广阔的胸怀，能够容忍和包容一切。他不受成见、偏见和执念的限制，能够真正理解他人的处境和感受，而不会轻易对他人做评判。无分别的容忍和包容让他能够建立和谐的人际关系，减少矛盾和纷争。

"天道无私，所以道不虚行，应缘而运"强调了自然界的运行是无私的，世间万物都遵循自然的法则而运行，这种自然的法则不受个人情感和意识的影响。"天道无私"的意思是，天地间的运行规律和道德法则是无私的，不受个人情感或私利的影响，其基础是共同利益。"道不虚行"的意思是，自然界的运行规律和道德法则是真实而坚定的，不虚伪，不带有欺骗性。"应缘而运"

的意思是，万事万物根据机缘关系而运行，因外部条件的变化而适当地做出回应和调整。这表达了天地间的运行规律和道德法则是无私的、真实的、根据机缘而灵活运作的。

第一百四十六节
师者之风范德行

为人师者，应有无限的慈悲和智慧，以及超越世俗的眼界。具备慈悲心和智慧者，能够像天地一般宽容，能像爱自己一样爱他人。不仅是人类，一切生命都值得被平等地善待。

为人师者，应该成为世人的榜样，以自己的行为和修养来影响他人；不仅要施以言教，还要施以身教，即通过德行来引导众人接近"善"并获得智慧。他能够通过无我、无私的行为，凭借慈悲和智慧的力量来引导和影响他人走向幸福，获得内心的自由。

为人师者应具备高尚的德行，能够成为他人的榜样。他的高尚德行不仅体现在外在的行为上，还体现在内心的修养上。他的使命是帮助他人超越苦难并实现内心的平静。他努力通过自己的慈悲和智慧来引导人们脱离困境，获得真正的幸福。

结语

读完这本书，我希望你们能送我四份礼物。

第一份礼物：让自己的生命状态变得更好。如果你做到的话，这就是送我的第一份礼物。

第二份礼物：当你的生命状态变得更好的时候，你要成为家人、朋友、社会、国家的好环境。只要有你的地方，你就是别人的好环境。因为你的存在，人们也会感觉自己的生命状态变得更好。如果你能做到的话，这就是送我的第二份礼物。

第三份礼物：当你有一天有了愿景、使命，找到了自己活着的意义时，要去帮助所有跟你有缘的朋友。如果你做到了这一点，这就是送我的第三份礼物。

第四份礼物就是：让我们在终点相遇！